est dedié à M. le Marquis d'Argenson Ministre retiré du Conseil plus de 5. ans avant que cet Ouvrage parut. Voyez la lettre MSS. de l'Auteur qui est à la tête et qu'il écrivit à M. le Mis d'Argenson en luy envoyant ce livre. M. d'Alembert le luy avoit dedié sans l'en prevenir.

Je croy cet ouvrage une nouvelle Ed[on] de celuy intit[ulé] Traité de l'Equilibre et du mouvement des fluides que M. Dalembert avoit publié en 1744. et dont ~~[illegible]~~ Il en fait mention dans l'hist. de l'academie de cette année. p. 56. Cepend[ant] M. Dalembert ne dit rien ni dans l'Epître dedicatoire ni dans sa preface, qui rapele la 1re Ed[on] de l'ouvrage.

ESSAI
D'UNE
NOUVELLE THEORIE
DE LA
RÉSISTANCE DES FLUIDES.

Par M. D'ALEMBERT, de l'Académie Royale des Sciences de Paris, de celle de Prusse, & de la Société Royale de Londres.

A PARIS,
Chez DAVID l'aîné, Libraire, rue S. Jacques, à la Plume d'or.

MDCCLII.
AVEC APPROBATION ET PRIVILEGE DU ROI.

Monsieur

Je vous dois sans doute des excuses d'oser vous dédier
cet ouvrage sans vous en avoir demandé la permission:
Mais, ou votre modestie n'auroit pas accepté mon hommage,
et je voulois me satisfaire; ou elle m'auroit interdit
tout éloge, et je voulois dire à mon aise la verité. je
vous prie d'être bien persuadé que de tout ce que j'ay ecrit

ou que j'ecrirai jamais, rien ne me sera plus cher et
plus precieux que les trois premieres pages de ce Livre.
oserois je me flatter que vous voudrez bien les recevoir,
comme le present d'un Philosophe, & comme le seul
temoignage, mais le plus authentique que je puisse
vous donner du respect & de l'attachement inviolable
avec les quels je serai toute ma vie

Monsieur

ce Vendredy 13

Votre très humble
et très obeissant serviteur
D'alembert

A MONSEIGNEUR

LE MARQUIS D'ARGENSON, MINISTRE D'ETAT.

MONSEIGNEUR,

Les Savans & des Ecrivains célébres qui vous approchent en si grand nombre, applaudiront à l'hommage que je vous rends. Le respect qu'ils vous témoignent est d'autant plus sincere, que l'attachement en est le principe, & d'autant plus juste que vous ne pensez pas à l'exiger. Vous devez, MONSEIGNEUR, *un sentiment si flatteur & si vrai, à cette familiarité sans orgueil avec laquelle vous accueillez les talens, & qui seule peut rendre la société des Grands & des gens de Lettres également digne des uns & des autres. Votre commerce, utile & agréable par une étendue de connoissances qui vous assure le suffrage de la partie la plus éclairée de notre Nation, est encore pour tous ceux qui vous environnent une leçon continuelle de modestie, de candeur, d'amour du bien public, & de toutes les vertus que notre siécle se contente d'estimer. Philosophe enfin dans vos sentimens & dans votre conduite, vous joignez à cette qualité trop rare, & qui en renferme tant d'autres, le mérite plus rare encore de l'avoir sans ostentation. Puisse votre exemple,* MONSEIGNEUR, *& celui de votre* *illustre Maison, apprendre à la plûpart de nos Mécènes, trop multipliés aujourd'hui pour la gloire & le bien des Lettres, que le vrai moyen d'honorer le mérite en le protégeant, est de s'honorer soi-même par la maniére dont on le distingue. Je suis avec un profond respect,*

MONSEIGNEUR,

Votre très-humble & très-obéissant serviteur, D'ALEMBERT.

Extrait des Regiſtres de l'Académie Royale des Sciences.

MEſſieurs NICOLE & LE MONNIER, qui avoient été nommés pour examiner un Ouvrage de M. D'ALEMBERT, qui a pour titre : *Eſſai d'une nouvelle Théorie de la réſiſtance des Fluides*, en ayant fait leur rapport, l'Académie a jugé cet Ouvrage digne de l'impreſſion : En foi de quoi j'ai ſigné le préſent Certificat. A Paris le 22 Décembre 1751.

GRAND-JEAN DE FOUCHY, *Secrétaire perpétuel de l'Académie Royale des Sciences.*

INTRODUCTION.

QUoique la Physique des Anciens ne fut ni aussi déraisonnable, ni aussi bornée que le pensent ou que le disent quelques Philosophes modernes, il paroît cependant qu'ils n'étoient pas fort versés dans les sciences qu'on appelle Physico-Mathématiques, & qui consistent dans l'application du calcul aux phenomenes de la nature. La matiére que j'entreprends de traiter dans cet Ouvrage, est une de celles qu'ils paroissent avoir le moins étudiées sous ce point de vûe. Je dis sous ce point de vûe; car la connoissance de la résistance des Fluides étant d'une nécessité absolue pour la construction des Navires qu'ils avoient peut être poussée plus loin que nous, cette connoissance ne sauroit leur avoir manqué jusqu'à un certain point : il est plus que vraisemblable que l'expérience avoit fourni de bonne heure quelques régles pour déterminer le choc & la preſſion des eaux. Mais ces régles, bornées ſans doute à la pratique, &, pour ainſi dire, de pure tradition, ne ſont point parvenues juſqu'à nous.

A l'égard de la Théorie de cette réſiſtance, il n'eſt pas ſurprenant que les Anciens l'ayent ignorée. On doit même, s'il eſt permis de parler ainſi, leur tenir compte de leur ignorance, de n'avoir point voulu atteindre à ce qu'il leur étoit impoſſible de ſavoir, & de n'avoir point cherché à faire croire qu'ils y étoient parvenus. C'eſt à la plus ſubtile geométrie qu'il eſt permis de tenter cette Théorie ; & la geométrie des Anciens, d'ailleurs très-profonde & très-ſavante, ne pouvoit aller juſques-là. Il y a bien de l'apparence qu'ils l'avoient ſenti : car leur méthode de philoſopher étoit plus ſage que nous ne l'imaginons communément. Les Geométres modernes ont ſçu ſe procurer à cet égard plus de ſecours, non parce qu'ils ont été ſupérieurs aux Anciens, mais parce qu'ils ſont venus depuis. L'invention des calculs différentiel & intégral, nous a mis en état de ſuivre en quelque maniére le mouvement des corps juſ-

ques

ques dans leurs élémens ou dernieres particules. C'est avec le secours seul de ces calculs qu'il est permis de pénétrer dans les Fluides, & de découvrir le jeu de leurs parties, l'action qu'exercent les uns sur les autres ces atômes innombrables dont un Fluide est composé, & qui paroissent tout à la fois unis & divisés, dépendans & indépendans les uns des autres. Aussi le méchanisme intérieur des Fluides, si peu analogue à celui des corps solides que nous touchons, & sujet à des loix toutes différentes, devroit être pour les Philosophes un objet particulier d'admiration, si l'étude de la nature, des phenomenes les plus simples, des élémens même de la Matiére, ne les avoit accoutumés à ne s'étonner de rien, ou plutôt à s'étonner également de tout. Aussi peu éclairés que le peuple sur les premiers principes de toutes choses, ils n'ont & ne peuvent avoir d'avantage que dans la combinaison qu'ils font de ces principes, & les conséquences qu'ils en tirent; & c'est dans cette espéce d'analyse, que les Mathématiques leur sont utiles. Cependant avec ce secours même, la résistance des Fluides renferme encore des difficultés si considérables, que les efforts des plus grands hommes ſe ſont bornés juſqu'ici à nous en donner une légere ebauche.

Après avoir réflechi longtems ſur cette importante matiére, avec toute l'attention dont je ſuis capable, il m'a paru que le peu de progrès qu'on y a fait juſqu'à préſent, vient de ce que l'on n'a pas encore ſaiſi les vrais principes, d'après leſquels il faut la traiter. J'ai donc cru devoir m'appliquer à chercher ces principes & la maniére d'y appliquer le calcul, s'il eſt poſſible. Car il ne faut point confondre ces deux objets, & les Geométres modernes n'ont peut-être pas été aſſez attentifs ſur ce point. C'eſt ſouvent le deſir de pouvoir faire uſage du calcul qui les détermine dans le choix des principes, au lieu qu'ils devroient examiner d'abord les principes en eux-mêmes, ſans ſonger d'avance à les plier de force au calcul. La Geométrie qui ne doit qu'obéir à la Phyſique, quand elle ſe réunit avec elle, lui commande quelquefois. S'il arrive que la queſtion qu'on veut examiner ſoit trop compliquée pour que tous les élémens puiſſent entrer dans la comparaiſon analytique qu'on en veut faire, on ſépare les plus incommodes, on leur en ſubſtitue d'autres, moins gênans, mais auſſi moins réels, & l'on eſt étonné de n'arriver, malgré un travail pénible, qu'à un réſultat contredit par la nature; comme ſi après l'avoir déguiſée, tronquée ou altérée, une combinaiſon purement méchanique pouvoit nous la rendre.

Je me ſuis propoſé d'éviter cet inconvénient dans l'Ouvrage que je donne aujourd'hui. J'ai cherché les principes de la réſiſtance des Fluides, comme ſi l'Analyſe ne devoit y entrer pour rien, & ces principes une fois trouvés, j'ai eſſayé d'y appliquer l'Analyſe. Mais avant que de rendre compte de mon travail & du degré auquel je l'ai pouſſé, il ne ſera pas inutile d'expoſer ce qui a été fait juſqu'à préſent ſur cette queſtion.

Newton, à qui la Phyſique & la Geométrie ſont ſi redevables, eſt le premier, que je ſache, qui ait entrepris de déterminer par les principes de la Méchanique la réſiſtance qu'éprouve un corps mû dans un Fluide, & de confirmer ſa Théorie par des expériences. Ce grand Philoſophe pour arriver plus facilement à la ſolution d'une queſtion ſi épineuſe, & peut-être pour la préſenter d'une maniére plus générale, enviſage un Fluide ſous deux points de vûe différens. Il le regarde d'abord comme un amas de corpuſcules élaſtiques, qui tendent à s'écarter les uns des autres par une force centrifuge ou répulſive, & qui ſont diſpoſés librement à des diſtances égales. Il ſuppoſe outre cela, que cet amas de corpuſcules qui compoſe le milieu réſiſtant, ait fort peu de denſité par rapport à celle du corps, enſorte que les parties du Fluide pouſſées par le corps, puiſſent ſe mouvoir librement, ſans communiquer aux parties voiſines le mouvement qu'elles ont reçu. D'après cette hypotheſe, M. Newton trouve & démontre les loix de la réſiſtance d'un tel Fluide; loix aſſez connues, pour que nous nous diſpenſions de les rapporter ici. Il réſulte de ces loix que la réſiſtance d'un cylindre dans un pareil Fluide, c'eſt-à-dire la force qui retarde à chaque inſtant ſon mouvement, eſt égale au poids d'un cylindre de Fluide de même baſe, & dont la hauteur ſeroit double de celle d'où un corps peſant devroit tomber pour acquérir la viteſſe actuelle avec laquelle le cylindre ſe meut: M. Newton fait voir encore que dans cette même ſuppoſition, la réſiſtance d'un Globe ſeroit la moitié de celle qu'éprouveroit le cylindre circonſcrit.

Le célébre Jean Bernoulli dans ſon Ouvrage qui a pour titre : *Diſcours ſur les loix de la communication du Mouvement*, a déterminé d'après la même hypotheſe la réſiſtance des Fluides ; il repréſente cette réſiſtance par une formule aſſez ſimple. J'en ai donné dans un de mes Ouvrages la démonſtration, que M. Bernoulli avoit ſupprimée ; démonſtration dont j'ai fait voir de plus la généralité, quelque figure & quelqu'arrangement qu'on ſuppoſe dans les parties du Fluide.

Mais il faut avouer que cette formule eſt inſuffiſante pour déterminer la réſiſtance que nous cherchons. Dans tous les Fluides qui nous ſont connus, les particules ſont immédiatement contiguës par quelques-uns de leurs points, ou du moins agiſſent les unes ſur les autres à peu près comme ſi elles l'étoient. Ainſi tout corps mû dans un Fluide pouſſe néceſſairement à la fois & au même inſtant un grand nombre de particules ſituées dans la même ligne, & dont chacune reçoit une viteſſe & une direction différente, eu égard à ſa ſituation. Il eſt donc extrêmement difficile de déterminer le mouvement communiqué à toutes ces particules, & par conséquent le mouvement que le corps perd à chaque instant.

Ces réflexions n'avoient pas échappé à M. Newton. Il reconnoît que sa Théorie de la résistance d'un Fluide composé de globules élastiques clairsemés, si on peut parler ainsi, ne sauroit s'appliquer ni aux Fluides denses & continus, dont les particules se touchent immédiatement, tels que l'eau, l'huile, le mercure; ni aux Fluides dont l'élasticité vient d'une autre cause que de la force centrifuge de leurs parties, par exemple de la compression & de l'expansion de ces parties, tel que paroît être l'air que nous respirons; il reconnoît de plus, que dans le cas même où le Fluide seroit tel qu'il l'imagine, on doit supposer encore que la vitesse du corps mû soit assez grande, pour que les forces centrifuges des parties du Fluide n'ayent pas le tems d'agir, & d'altérer par cette action la résistance qui vient de la seule force d'inertie. D'où il s'ensuit que cette première partie de la Théorie de M. Newton, & celle de M. Bernoulli qui n'en est proprement que le commentaire, ſont plutôt une recherche de pure curioſité, qu'elles ne ſont applicables à la nature.

Auſſi l'illuſtre Philoſophe Anglois n'a pas cru devoir s'en tenir là. Il conſidére les Fluides dans l'état de compreſſion où ils ſont réellement, composés de particules contiguës les unes aux autres; & c'eſt le ſecond point de vûe ſous lequel il les enviſage. La Méthode qu'il employe dans cette nouvelle hypotheſe pour réſoudre le Problême, conſiſte à chercher d'abord la viteſſe d'une veine de Fluide qui s'échappe d'un vaſe cylindrique par un trou horizontal fait au fond du vaſe, & la preſſion que ſouffriroit une ſurface plane circulaire expoſée à l'action de cette veine. M. Newton employe pour déterminer cette preſſion, une eſpece d'approximation & de tatonnement dont il nous ſeroit difficile de donner ici l'idée à nos Lecteurs; nous nous contenterons d'obſerver que cette preſſion dépend de la hauteur du Fluide, ou, ce qui revient au même, de la viteſſe avec laquelle il s'échappe, du diamétre du trou, & de celui du cercle. Augmentant enſuite à l'infini la capacité du vaſe & même le diamétre du trou, & ſubſtituant le mouvement de la ſurface circulaire à celui du

Fluide, M. Newton trouve que la résistance éprouvée par cette surface est égale au poids d'un Cylindre dont elle seroit la base, & qui auroit pour hauteur la moitié de celle d'où un corps pesant devroit tomber pour acquérir une vitesse égale à la vitesse actuelle de la surface circulaire. Le poids d'un tel cylindre peut donc représenter, suivant M. Newton, la résistance qu'éprouve à chaque instant un Cylindre solide de longueur quelconque, qui auroit pour base antérieure la surface circulaire dont il s'agit; car quelle que soit la longueur du Cylindre, cette base est la seule partie exposée au choc du Fluide. Enfin, par un raisonnement dont nous parlerons plus bas, M. Newton égale la résistance d'un globe à celle du Cylindre circonscrit; & parvient à cette conclusion, qu'un Fluide dense, continu, & comprimé, tel qu'il est réellement dans la nature, fait une résistance quatre fois moindre à un corps cylindrique, & deux fois moindre à un corps sphérique, toutes choses d'ailleurs égales, que le Fluide à globules élastiques de la premiere hypothese.

Mais cette seconde Théorie de M. Newton, quoique plus conforme à la nature des Fluides, est

eſt ſujette encore à beaucoup de difficultés. En premier lieu, elle a pour baſe la Méthode par laquelle ce grand Geométre détermine le mouvement d'un Fluide qui s'échappe d'un vaſe cylindrique ; Méthode certainement très-ingénieuſe, mais inſuffiſante & fautive. La cataracte que M. Newton ſuppoſe formée par la chûte du Fluide, ne ſauroit ſubſiſter, comme l'a fait voir M. Jean Bernoulli dans ſon Hydraulique, parce que le Fluide qu'on ſuppoſe couler dans cette cataracte, & tomber avec toute la force de ſa peſanteur, n'exerçant aucune preſſion latérale, ne peut réſiſter à celle du Fluide ſtagnant qui l'environne.

En ſecond lieu, ſi on s'en rapporte à pluſieurs expériences faites par des Phyſiciens habiles, la preſſion d'un Fluide en mouvement ſur une ſurface circulaire, eſt égale au poids d'un cylindre dont la hauteur ſeroit égale à celle d'où un corps peſant auroit dû tomber pour acquérir la viteſſe actuelle du Fluide ; d'où il s'enſuit que cette preſſion eſt double de celle que M. Newton determine par le calcul.

En troiſiéme lieu, M. Newton trouve par cette nouvelle Théorie de la preſſion des Fluides continus, que la résistance qu'éprouve un Globe est égale à celle qu'éprouveroit le Cylindre circonscrit; au lieu que par sa Théorie de la résistance des Fluides non continus, il trouve que celle du Globe n'est que la moitié de celle du Cylindre. Voici sur quoi M. Newton se fonde pour établir dans le second cas l'égalité de résistance entre le Globe & le Cylindre. Selon lui, si un Cylindre, une Sphere, & un Spéroide dont les largeurs ou bases sont égales, se trouvent placés dans le milieu d'un Canal cylindrique, de maniére que les Axes de ces corps coincident avec celui du Canal, ces corps opposeront un égal obstacle au mouvement de l'eau dans le Canal, parce que les espaces par lesquels le Fluide coule entre le Canal cylindrique & chacun de ces corps, sont égaux entr'eux, & que le Fluide doit se mouvoir de la même maniére dans des espaces égaux. Voilà l'unique preuve que donne M. Newton de cette proposition fondamentale; preuve qui ne paroît pas d'une grande force.

Car l'espace entre le Cylindre & chacun des trois corps, n'est le même que dans le plan où se trouve la plus grande largeur ou la base commune de ces corps; dans tout autre plan paralléle à celui-là, l'espace entre le Cylindre & chacun des corps est différent, & par conséquent le Fluide ne sauroit s'y mouvoir de la même maniére.

De plus, quand le Fluide se mouvroit avec la même vitesse dans ces différens espaces, il ne s'ensuivroit pas que ces corps souffrissent une égale pression. Car l'eau qui coule par exemple entre le Canal & le Cylindre, presse le Cylindre de maniére qu'elle agit sur ses parois par des lignes perpendiculaires à l'Axe du Cylindre; d'où il s'ensuit que les pressions qui agissent de chaque côté des parois du Cylindre se détruisent mutuellement, & que la vraie pression supportée par le Cylindre, vient uniquement de l'action du Fluide qui frappe la base antérieure, & qui ne s'est point encore répandu dans l'espace vuide entre le Cylindre & le Canal. Au contraire, le Fluide qui coule entre les parois du Canal & la surface de la Sphere, agit sur cette Sphere suivant des lignes perpendiculaires à sa surface, & par conséquent situées obliquement par rapport à l'Axe de la Sphere, d'où il est aisé de conclure que les forces qui agissent de chaque côté de l'Axe ne se détruisent pas tout-à-fait, comme dans le cas du Cylindre, mais se détruisent en partie, & en partie concourent pour former une seule & unique pression, laquelle est d'autant plus grande, que la direction des forces primitives fait un angle plus aigu avec l'Axe de la Sphere. Rien n'est donc moins prouvé que cette prétendue égalité de résistance du Globe & du Cylindre circonscrit.

Enfin, M. Newton suppose que les parties du Fluide, qui par leurs mouvemens obliques & superflus peuvent retarder le mouvement du Fluide dans le Canal, soient regardées comme glacées & en repos, & comme adhérentes à la surface antérieure & postérieure du corps; hypothese vraie sans doute jusqu'à un certain point, mais qui présentée ainsi d'une maniére vague, paroît plutôt destinée à éluder la difficulté du Problême qu'à la surmonter.

Malgré toutes ces observations, nous n'en devons pas moins admirer les efforts & la sagacité de ce grand Philosophe, qui après avoir trouvé si heureusement la vérité dans un grand nombre d'autres questions, a osé se frayer le premier une route pour la ſolution d'un Problême que perſonne avant lui n'avoit tenté. Auſſi cette ſolution, quoique peu exacte, brille par-tout de ce génie inventeur, de cet eſprit fécond en reſſources, que perſonne n'a poſſédé dans un plus haut degré que lui.

Aidés par les ſecours que la geométrie & la méchanique nous fourniſſent aujourd'hui en plus grande abondance, eſt-il ſurprenant que nous faſſions quelques pas de plus dans une carriére vaſte & difficile qu'il nous a ouverte? Les erreurs mêmes des grands hommes ſont inſtructives, non-ſeulement par les vûes qu'elles fourniſſent pour l'ordinaire, mais par les pas inutiles qu'elles nous épargnent. Les Méthodes qui les ont égarés, aſſez ſéduiſantes pour les éblouïr, nous auroient trompés comme eux: il étoit néceſſaire qu'ils les tentaſſent, pour que nous en connuſſions les écueils. La difficulté eſt d'imaginer une autre Méthode: mais ſouvent cette difficulté conſiſte plus à bien choiſir celle qu'on ſuivra, qu'à la ſuivre quand elle eſt bien choiſie. Entre les différentes routes qui menent à une vérité, les unes préſentent une entrée facile, ce ſont celles où l'on ſe jette d'abord; & ſi on ne rencontre des obſtacles qu'après avoir parcouru un certain chemin, alors, comme on ne conſent qu'avec peine à avoir fait un travail inutile, on cherche quelque moyen d'éluder ces obſtacles, quand on ne peut les ſurmonter; d'autres routes, au contraire, ne préſentent d'obſtacles qu'à leur entrée; l'abord en peut être pénible, mais ces obſtacles une fois franchis, le reſte du chemin eſt facile à parcourir.

Il faut convenir au reſte, que la plûpart des Geométres qui ont attaqué M. Newton ſur la réſiſtance des Fluides, n'ont pas été plus heureux que lui; preſque tous nous ont donné au lieu des vrais principes beaucoup de calculs. Il en faut excepter cependant M. Daniel Bernoulli, qui joint à une grande ſagacité dans la Geométrie, beaucoup de lumiere & d'eſprit Philoſophique. Comme il eſt celui qui a le plus approfondi cette matiére, il eſt auſſi celui qui paroît avoir le mieux connu les difficultés qu'elle renferme. Dans le ſecond volume des Mémoires de Peterſbourg (année 1727) il propoſe une formule de la réſiſtance des Fluides, dont les principes ſont différens de ceux de M. Newton, mais dont il ne paroît pas avoir été lui-même fort satisfait ; car il avoue que cette formule donne la résistance quadruple de celle qui résulte des expériences. L'illustre Auteur cherche ensuite par les Méthodes ordinaires, le rapport des résistances d'un Fluide à des Sphéroides quelconques, & d'après ces Méthodes il établit que la résistance du Globe est la moitié de celle du Cylindre ; proposition qu'il a combattue depuis dans son Hydrodynamique. En effet, l'hypothese sur laquelle elle est appuyée n'est pas fort exacte ; car il faut supposer que les parties du Fluide, lorsqu'elles ont frappé le Cylindre ou le Globe, ou s'anéantissent, ou du moins se réflechissent de maniére qu'elles ne rencontrent aucune autre particule. Cette hypothese & quelques autres, dont l'insuffisance est aisée à sentir, sont la base, ou expresse ou tacite de presque tous les Ouvrages publiés jusqu'ici sur la résistance des Fluides, & laisse par conséquent dans ces Ouvrages beaucoup à désirer.

En 1741, le grand Geométre dont nous venons de parler, a donné dans le tome VIII des mêmes Mémoires de Petersbourg une Méthode fort ingénieuse & beaucoup plus directe, pour déterminer la pression qu'exerce contre un plan une veine de Fluide qui s'échappe d'un vase. Mais la formule qu'il propose pour cela, quoiqu'elle soit appuyée par des expériences, ne paroît pas encore hors de toute atteinte, comme nous espérons le montrer dans un des Chapitres de cet Ouvrage. Le détail de cet examen est trop geométrique, pour que nous puissions en donner l'idée dans cette Introduction.

Quoi qu'il en soit, M. Daniel Bernoulli convient que cette Théorie de la pression d'une veine de Fluide contre un plan ne sauroit être d'une grande utilité pour déterminer la pression d'un plan entiérement plongé dans un Fluide, parce que le mouvement des particules du Fluide est fort différent dans les deux cas. En effet, dans le cas où la veine frappe le plan, les particules du Fluide, dès qu'elles sont arrivées jusqu'au plan, changent de direction de maniére qu'elles se meuvent bientôt parallélement au plan, & glissent le long du plan suivant cette derniere direction; ce qui ne sauroit avoir lieu quand le plan est entiérement plongé dans un Fluide profond Car dès que les particules du Fluide quittent la surface antérieure du plan sur

laquelle

laquelle elles ont gliſſé, elles ſe trouvent pouſſées & ramenées vers la ſurface poſtérieure par le Fluide en mouvement qui les environne à droite & à gauche; enſorte que leur direction, de parallèle qu'elle étoit au plan, lui redevient perpendiculaire, ou du moins fait avec ce plan un très-grand angle aigu, comme l'expérience journaliere le démontre. Or ce reflux des particules & la preſſion qui peut en réſulter ſur la ſurface poſtérieure, doivent altérer la preſſion que la ſurface antérieure éprouve.

Il réſulte de tout ce que nous avons dit juſqu'ici, que la Théorie de la réſiſtance des Fluides, quoique maniée par tant de grands Geométres, eſt encore très-imparfaite dans ſes élémens même. Ces raiſons m'ont engagé à traiter cette matiére par une Méthode entiérement nouvelle, & ſans rien emprunter de ceux qui m'ont précédé dans le même travail. La Théorie que j'expoſe dans cet Ouvrage, ou plutôt dont je vais donner les principes, a, ce me ſemble, l'avantage de n'être appuyée ſur aucune ſuppoſition arbitraire : je ſuppoſe ſeulement, ce que perſonne ne peut me conteſter, qu'un Fluide eſt un corps compoſé de particules très-petites, détachées, & capables de se mouvoir librement.

La résistance qu'un corps éprouve lorsqu'il en choque un autre, n'est, à proprement parler, que la quantité de mouvement qu'il perd. Lorsque le mouvement d'un corps est altéré, on peut regarder ce mouvement comme composé de celui que le corps aura dans l'instant suivant, & d'un autre qui est détruit. Il n'est pas difficile de conclure delà, que toutes les loix de la communication du mouvement entre les corps se réduisent aux loix de l'équilibre. C'est aussi à ce principe que j'ai réduit la solution de tous les Problêmes de Dynamique dans le premier Ouvrage que j'ai publié en 1743. J'ai eu fréquemment occasion d'en montrer la fécondité & la simplicité dans les différens Traités que j'ai publiés depuis, & peut-être même ne seroit-il pas inutile pour nous éclairer jusqu'à un certain point sur la Métaphysique très-obscure de la percussion des corps, & des loix auxquelles elle est assujettie. Quoi qu'il en soit, ce principe s'applique naturellement à la résistance d'un corps dans un Fluide; & c'est aussi aux loix de l'équilibre entre le Fluide & le Corps, que je réduis la recherche de cette résistance. Mais il ne faut pas s'imaginer que cette recherche, quoique facilitée par ce moyen, soit aussi simple que celle de la communication du mouvement entre deux corps solides. Supposons en effet, que nous eussions l'avantage dont nous sommes privés, de connoître la figure & la disposition mutuelle des particules qui composent les Fluides: les loix de leur résistance & de leur action se réduiroient sans doute aux loix connues du mouvement; car la recherche du mouvement communiqué par un corps à un nombre quelconque de corpuscules qui l'environnent, n'est qu'un problême de Dynamique pour la solution duquel on a tous les principes Méchaniques qu'on peut desirer. Cependant, plus le nombre de corpuscules seroit grand, plus il deviendroit difficile d'appliquer le calcul aux principes d'une maniére simple & commode; par conséquent une telle Méthode ne seroit guères pratiquable dans la recherche de la résistance des Fluides. Mais nous sommes même bien éloignés d'avoir toutes les *données* nécessaires pour être à portée de faire usage de cette Méthode. Non-seulement nous ignorons la figure & l'arrangement des parties des Fluides : nous ignorons encore comment ces parties ſont pouſſées par le corps & comment elles ſe meuvent entr'elles. Il y a d'ailleurs une ſi grande différence entre un Fluide & un amas de corpuſcules ſolides, que les loix de la preſſion & de l'équilibre des Fluides ſont très-différentes des loix de la preſſion & de l'équilibre des ſolides. L'expérience ſeule a pu nous inſtruire en détail des loix de l'Hydroſtatique, que la Théorie la plus ſubtile n'eût jamais pû nous faire ſoupçonner ; & aujourd'hui même que l'expérience a fait connoître ces loix, on n'a pu trouver encore d'hypotheſe ſatisfaiſante pour les expliquer & pour les réduire aux principes connus de la ſtatique des ſolides.

Cette ignorance n'a cependant pas empêché que l'on n'ait fait de grands progrès dans l'Hydroſtatique. Car les Philoſophes ne pouvant déduire immédiatement & directement de la nature des Fluides les loix de leur équilibre, ils les ont au moins réduites à un ſeul principe d'expérience, *l'égalité de preſſion en tout ſens* ; principe qu'ils ont regardé (faute de mieux) comme la propriété fondamentale des Fluides, & comme celle à laquelle il falloit rapporter toutes les autres. En effet, condamnés comme nous le sommes à ignorer les premieres propriétés & la contexture intérieure des corps, la seule ressource qui reste à notre sagacité, est de tâcher au moins de saisir dans chaque matiére l'analogie des Phenomenes, & de les rappeller tous à un petit nombre de faits primitifs & fondamentaux. C'est ainsi que Newton, sans assigner la cause de la gravitation universelle, n'a pas laissé de démontrer que le systême du monde est uniquement appuyé sur les loix de cette gravitation. La nature est une machine immense dont les ressorts principaux nous sont cachés; nous ne voyons même cette machine qu'à travers un voile qui nous dérobe le jeu des parties les plus délicates. Entre les parties plus frappantes, & peut-être, si on ose le dire, plus grossieres, que ce voile nous permet d'entrevoir ou de découvrir, il en est plusieurs qu'un même ressort met en mouvement, & c'est là sur-tout ce que nous devons chercher à démêler.

Ne pouvant donc nous flatter de déduire de la nature même des Fluides la Théorie de leur résistance & de leur action, bornons-nous à la déduire, s'il est possible, des loix Hydrostatiques qui ſont aujourd'hui bien conſtatées, & ſur leſquelles pluſieurs grands Geométres, dont j'ai fait mention dans mon Traité des Fluides, ont travaillé avec ſuccès. La connoiſſance purement expérimentale de ces loix ſupplée à celle de la figure & de la diſpoſition des parties des Fluides, & peut-être rend le Problême plus ſimple que ſi pour le réſoudre nous étions bornés à cette derniere connoiſſance.

Je commence donc cet Ouvrage, par faire voir comment les loix de la réſiſtance des Fluides dépendent des loix de leur équilibre; d'où réſultent des Theorêmes aſſez généraux, &, ce me ſemble, nouveaux & utiles, ſur le mouvement d'un ſyſtême de corps ou de corpuſcules qui agiſſent les uns ſur les autres. J'expoſe enſuite en aſſez peu de mots, la Théorie déja connue de l'équilibre des Fluides; & je fais ſur cette Théorie pluſieurs remarques qui pourront être jugées de quelque importance.

Delà ſe déduiſent d'une maniére aſſez ſimple les loix de la preſſion d'un Fluide, ſoit en mouvement, ſoit en repos.

Cette recherche me conduit à celle de la preſſion d'un Fluide qui frappe un corps en repos.

Je fais voir d'abord, que la queſtion ſe réduit à trouver la preſſion du filet de Fluide qui gliſſe immédiatement ſur la ſurface du corps. Pour cela il eſt néceſſaire de connoître la viteſſe des particules de ce filet. Je la détermine donc par deux Méthodes différentes, que les Geométres ne trouveront peut-être pas indignes de leur attention : cette viteſſe étant une fois trouvée, la preſſion du Fluide s'en déduit néceſſairement ; mais la formule de cette preſſion demande une Analyſe très-compliquée dont j'indique les principes.

Je viens enſuite aux loix de la réſiſtance d'un Fluide lorſque le corps eſt mû, & que le Fluide eſt en repos ; & je démontre par une Méthode nouvelle & ſinguliere, que la preſſion d'un Fluide mû avec une viteſſe variable contre un corps en repos, eſt égale à la réſiſtance que ce corps, mû avec une viteſſe ſemblable, éprouveroit dans le Fluide en repos ; propoſition ſuppoſée juſqu'ici comme vraie par tous les Auteurs d'Hydrodynamique, mais dont la démonſtration rigoureuſe eſt cependant aſſez difficile, comme je me flatte que mes Lecteurs en ſeront convaincus.

Pour rendre ma Théorie plus générale, je donne les formules de la résistance du Fluide en ayant égard à la pesanteur, au frottement & à la ténacité des particules. Je cherche de plus les loix de la résistance dans le cas où il se fait un vuide entre le Fluide & la partie postérieure du corps, ce qui peut arriver, comme je le démontre, même quand le Fluide n'est pas élastique. Mais je dois avouer que le calcul donne ici très-peu de lumiéres réelles, & qu'il est peut-être très-difficile de soumettre le cas dont il s'agit à l'expérience même.

Après avoir ainsi développé mes principes, j'examine une hypothese dont plusieurs Auteurs d'Hydrodynamique se sont servis jusqu'ici, & je fais voir que si on suivoit une telle hypothese pour déterminer la résistance d'un Fluide, cette résistance se trouveroit nulle, ce qui est contraire à toutes les expériences.

Je traite ensuite de l'action d'une veine de Fluide qui sort d'un vase & qui frappe un plan, & je trouve que cette pression est un peu moindre que le poids d'un Cylindre qui auroit pour base la largeur de la veine, & pour hauteur le double de celle du Fluide dans le vase; résultat qui

qui s'accorde parfaitement avec les expériences exactes & multipliées que l'Académie de Petersbourg a faites. Enfin, je joins à toutes ces recherches des réflexions sur la résistance des Fluides élastiques, matière qui jusqu'à présent avoit été à peine effleurée, & sur laquelle j'essaye de donner quelques principes; mais selon toutes les apparences, elle ne sera jamais bien connue par la Théorie seule.

Tels sont les principaux objets de cet Ouvrage. Pour rendre mes principes encore plus dignes de l'attention des Physiciens & des Geométres, j'ai cru qu'il seroit à propos de faire voir comment ils peuvent s'appliquer à différentes questions qui ont un rapport plus ou moins immédiat à la matiére que je traite; comme le mouvement d'un Fluide qui coule, soit dans un Vase, soit dans un Canal quelconque, les oscillations d'un corps qui flotte sur un Fluide lorsque le centre de gravité de la partie submergée & de la partie non submergée ne sont pas dans la même ligne verticale; & d'autres Problêmes de cette espece.

Au reste, m'étant proposé de démontrer tout en rigueur dans cet Ouvrage, j'ai trouvé dans la preuve même des propoſitions les plus ſimples, plus de difficultés qu'on n'auroit dû naturellement en ſoupçonner, & ce n'a pas été ſans peine que je ſuis parvenu à démontrer ſur cette matiére les vérités le plus généralement reconnues & le moins exactement prouvées juſqu'ici. Mais après avoir ſacrifié à la ſûreté des principes la facilité du calcul, je devois naturellement m'attendre que l'application du calcul à ces mêmes principes ſeroit fort pénible, & c'eſt auſſi ce qui m'eſt arrivé. Il me paroît même très-vraiſemblable, que du moins en certains cas la ſolution du Problême ſe refuſera entiérement à l'Analyſe. C'eſt aux Savans à prononcer ſur ce point; je croirois avoir travaillé fort utilement, ſi j'étois parvenu dans une matiére ſi difficile, ſoit à fixer moi-même, ſoit à faire trouver à d'autres juſqu'où peut aller la Théorie, & les limites où elle doit s'arrêter.

Quand je parle ici des bornes que la Théorie doit ſe preſcrire, je ne l'enviſage qu'avec les ſecours actuels qu'elle peut ſe procurer, non avec ceux dont elle pourra s'aider dans la ſuite, & qui ſont encore à trouver. Car en quelque matiére que ce ſoit, on ne doit pas trop ſe hâter d'élever entre la nature & l'esprit humain un mur de séparation. Pour avoir appris à nous méfier de notre industrie, gardons-nous de nous en méfier avec excès. Dans l'impuissance que nous sentons tous les jours de surmonter tant d'obstacles qui se présentent à nous, nous serions sans doute trop heureux, si nous pouvions du moins juger au premier coup d'œil jusqu'où nos efforts peuvent atteindre. Mais telle est tout à la fois la force & la foiblesse de notre esprit, qu'il est souvent aussi dangereux de prononcer sur ce qu'il ne peut pas, que sur ce qu'il peut. Combien de découvertes modernes dont les Anciens n'avoient pas même l'idée? combien de découvertes perdues que nous contesterions trop légérement? Et combien d'autres, que nous jugerions impossibles, sont réservées pour notre posterité?

J'aurois desiré pouvoir comparer ma Théorie de la résistance des Fluides aux expériences que plusieurs Physiciens célébres ont faites pour la déterminer. Mais après avoir examiné ces expériences, je les ai trouvées si peu d'accord entr'elles, qu'il n'y a, ce me semble, encore aucun fait parfaitement constaté sur ce point. Il n'en faut pas davantage pour montrer combien ces expériences ſont délicates. Auſſi quelques perſonnes très-verſées dans la Phyſique expérimentale ayant entrepris depuis peu de les recommencer, ont preſque abandonné ce projet par les difficultés de l'exécution. La multitude des forces, ſoit actives, ſoit paſſives, eſt ici compliquée à un tel degré, qu'il eſt en quelque ſorte impoſſible de déterminer ſéparément l'effet de chacune; de diſtinguer, par exemple, celui qui vient de la force d'inertie d'avec celui qui réſulte de la ténacité, & ceux-ci d'avec l'effet que peut produire la peſanteur & le frottement des particules. D'ailleurs quand on auroit démêlé dans un ſeul cas les effets de chacune de ces forces & la loi qu'elles ſuivent, ſeroit-on bien fondé à conclure que dans un cas où les particules agiroient tout autrement, tant par leur nombre que par leur direction, leur diſpoſition & leur viteſſe, la loi des effets ne ſeroit pas toute différente? Cette matiére pourroit bien être du nombre de celles où les expériences faites en petit n'ont preſque aucune analogie avec les expériences faites en grand, & les contrediſent même quelquefois; où chaque cas particulier demande, pour ainſi dire, une expérience iſolée, & où par conſéquent les réſultats généraux ſont toujours très-fautifs & très-imparfaits.

Enfin, quand l'expérience nous donneroit ſur la réſiſtance des Fluides les formules les plus exactes & les plus nettes, il ſeroit encore très-difficile de comparer ces formules avec celles que donne la Théorie. Car le calcul de ces dernieres, ſi on ne l'étaye ſur aucune hypotheſe arbitraire & vague, eſt extrêmement compliqué. Mais ſoit qu'on doive rejetter cet inconvénient ſur l'Analyſe même, ſoit qu'il faille l'attribuer à des difficultés que d'autres franchiront plus heureuſement que moi, il me ſemble qu'on ne peut au moins former aucun doute ſur la vérité de mes principes. Je crois même pouvoir aſſurer, que ſi après avoir déterminé la formule de la réſiſtance par la Méthode longue & pénible à laquelle ces principes m'ont forcé d'avoir recours, cette formule ſe trouvoit contredite par l'expérience, une telle contradiction viendroit uniquement, ſelon moi, de certaines ſuppoſitions purement analytiques, que l'application de la Geométrie à la Phyſique entraîne néceſſairement. Dans ce cas il faudroit, ce me ſemble, entiérement renoncer à toute Théorie sur la résistance des Fluides, & la regarder comme une de ces questions sur lesquelles le calcul ne peut avoir aucune prise.

Au reste, les difficultés de calcul dont je viens de parler, n'ont pas paru si frappantes à l'illustre Académie Royale des Sciences & des belles Lettres de Prusse; & cette considération seule seroit suffisante pour m'engager à éviter ici un ton décisif, qui ne me convient d'ailleurs en aucune maniére. Ayant proposé pour le prix de 1750 la Théorie de la résistance des Fluides, cette savante Compagnie a jugé à propos de remettre ce prix, & d'engager les Auteurs à faire voir par des Supplémens l'accord de leurs calculs avec l'expérience ; condition dont elle n'avoit pourtant fait aucune mention dans son Programme de 1748. Il étoit naturel de croire qu'elle demandoit simplement alors les vrais principes de cette Théorie, principes jusqu'à présent inconnus, & dont la recherche paroissoit l'objet d'un travail suffisant. Je crus avoir découvert ces principes, & pouvoir en conséquence concourir pour le prix ; la piéce que j'envoyai à Berlin dans cet objet au mois de Décembre 1749 eſt, à quelques additions près, l'Ouvrage que je donne aujourd'hui. Je me contentai dans cette piéce de faire voir l'accord de mes principes, avec les faits les plus connus de la réſiſtance des Fluides : tels ſont le rapport de cette réſiſtance avec le quarré de la viteſſe, les altérations que la ténacité du Fluide cauſe dans ce rapport, ſur-tout lorſque la viteſſe eſt fort petite, la preſſion d'une veine de Fluide qui s'échappe d'un vaſe & qui frappe un plan, preſſion déterminée, comme je l'ai dit, par des expériences exactes ; & quelques autres Phenomenes ſemblables. L'Académie n'ayant pas jugé ces recherches ſuffiſantes, demande aujourd'hui des formules de la réſiſtance toutes calculées & qui s'accordent avec des expériences encore à faire. Mais ne me ſentant ni aſſez de ſagacité, ni aſſez de force, ni aſſez de courage pour terminer dans ſi peu de temps un travail auſſi délicat, auſſi long & auſſi pénible, j'ai cru devoir m'abſtenir de concourir de nouveau ; d'autres raiſons dans le détail deſquelles il eſt inutile d'entrer, m'ont confirmé dans cette réſolution. Cependant comme il m'a ſemblé que cet *Eſſai* pouvoit être utile, j'ai cru, pour m'aſſurer la poſſeſſion de ce qu'il contient, devoir le mettre au jour avant la publication du jugement de l'Académie. Je souhaite par l'intérêt que je prends à l'avancement des Sciences, que les Juges nommés par cette illustre Compagnie, & qui n'ont pas sans doute proposé cette question sans s'assurer si la solution en étoit possible, trouvent pleinement de quoi se satisfaire dans les Ouvrages qui leur seront envoyés pour le concours.

Pour moi qui ai senti que la difficulté du calcul me rendroit peut-être impossible la comparaison de la Théorie & de l'Expérience que d'autres pourront faire avec plus de succès, je me suis borné, comme je viens de le dire, à montrer l'accord de mes principes avec les faits les plus certains & les plus connus : dans tout le reste je laisse encore beaucoup à faire à ceux qui travailleront à l'avenir sur le même plan. On trouvera peut-être ma sincérité fort éloignée de cet appareil auquel on ne renonce pas toujours en rendant compte de ses travaux : mais c'est à mon Ouvrage seul à se donner la place qu'il peut avoir. Je ne me flatte pas d'avoir poussé à sa perfection une Théorie que tant de grands Hommes ont à peine commencée. Le titre

titre d'essai que je donne à cet Ouvrage, répond exactement à l'idée que j'en ai : mais je crois être au moins dans la véritable route, & sans oser apprétier le chemin que je puis y avoir fait, j'applaudirai avec plaisir aux efforts de ceux qui pourront aller plus loin que moi, parce que dans la recherche de la vérité, le premier devoir est d'être juste. Je crois encore devoir donner à ceux qui dans la suite approfondiront cette matiére, un avis dont je commencerai par profiter moi-même; c'est de ne pas ériger trop légérement des formules d'algébre en vérités ou propositions physiques. L'esprit de calcul qui a chassé l'esprit de systême, regne peut-être un peu trop à son tour. Car il y a dans chaque siécle un goût de Philosophie dominant : ce goût entraîne presque toujours quelques préjugés, & la meilleure Philosophie est celle qui en a le moins à sa suite. Il seroit mieux, sans doute, qu'elle ne fut jamais assujettie à aucun ton particulier. Les différentes connoissances acquises & recueillies par les Savans, en auroient plus de facilité pour se rejoindre & former un tout. Mais chaque science paroît en quelque maniére recevoir

& ſecouer ſucceſſivement la loi de celles qui ſont le plus en honneur ou le plus négligées, & la Philoſophie prend, pour ainſi dire, la teinture des eſprits où elle ſe trouve. Chez un Métaphyſicien elle eſt ordinairement toute ſyſtématique, chez un Geométre elle eſt ſouvent toute de calcul ; la Méthode du dernier, à parler en général, eſt ſans doute la plus ſûre ; mais il ne faut pas en abuſer, & croire que tout s'y réduiſe ; autrement nous ne ferions de progrès dans la Geométrie tranſcendante, que pour être à proportion plus bornés ſur les vérités de la Phyſique, & nous reſſemblerions à un homme qui auroit le ſens de la vûe contraire à celui du toucher, ou dans lequel l'un de ces ſens ne ſe perfectionneroit qu'aux dépens de l'autre. Plus on peut tirer d'utilité de l'application de la Geométrie à la Phyſique, plus on doit être circonſpect dans cette application. C'eſt à la ſimplicité de ſon objet que la Geométrie eſt redevable de ſa certitude ; à meſure que l'objet devient plus composé, la certitude s'obſcurcit & s'éloigne. Il faut donc ſavoir s'arrêter ſur ce qu'on ignore, ne pas croire que les mots &

de *Theorême* & de *Corollaire*, fassent par quelque vertu secrette l'essence d'une démonstration, & qu'en écrivant à la fin d'une proposition *ce qu'il falloit démontrer*, on rendra démontré ce qui ne l'est pas.

TABLE DES TITRES

Contenus en cet Ouvrage.

Fin de la Table des Titres.

ESSAI

ESSAI
D'UNE
NOUVELLE THEORIE
DE LA
RÉSISTANCE DES FLUIDES.

CHAPITRE PREMIER.

Principes de Dynamique & d'Hydrodynamique nécessaires pour l'intelligence des propositions suivantes.

PROPOS. I. THEORÊME.

1. SOIT un systême quelconque de tant de corps qu'on voudra, & que je désigne par *A*, *B*, *C*, *D*; &c. supposons que ces corps soient sollicités par des forces quelconques φ, Ψ, π, ϖ, &c. savoir *A* par la force φ, *B* par la force Ψ, &c. & que durant un instant quelconque ces mêmes corps se meu-

vent avec des vitesses quelconques V, U, v, u; &c. savoir A avec la vitesse V, B avec la vitesse U; &c. On voit aisément que ces corps, s'ils n'étoient point sollicités par les forces φ, Ψ, π, &c. & qu'il n'y eut d'ailleurs aucun obstacle à leur mouvement, conserveroient dans l'instant suivant les vitesses V, U, v, u, avec la même direction. Mais à cause des forces sollicitatrices, & de l'action mutuelle que ces corps peuvent exercer les uns sur les autres, supposons que dans l'instant suivant leurs vitesses soient changées en V', U', v', u', &c. Il est évident que chacune des vitesses primitives V, U, v, u, peut être regardée comme composée des vitesses V', V''; U', U''; v', v''; u', u''; ainsi au commencement du second instant que j'appelle dt, le corps A tend réellement à se mouvoir avec les vitesses V', V'', φdt; le corps B avec les vitesses U', U'', Ψdt; le corps C avec les vitesses v', v'', πdt; le corps D avec les vitesses u', u'', ϖdt; &c. Mais (par l'hypothese) de ces trois vitesses avec laquelle chacun des corps est sollicité, il n'en reste qu'une à chacun, savoir la vitesse V' au corps A, la vitesse U' au corps B, la vitesse v' au corps C, la vitesse u' au corps D. Donc si les corps A, B, C, D, tendoient à se mouvoir avec les seules vitesses V'', φdt; U'', Ψdt; v'', πdt; u'', ϖdt; il n'y auroit aucun mouvement dans le systême; ou, ce qui revient au même, le systême seroit en repos ou en équilibre; en *repos* si les corps sont absolument séparés & détachés, n'agissant point les uns ſur les autres ; en *équilibre* ſi ces corps ſont liés ou contigus, de maniére qu'ils puiſſent exercer l'un ſur l'autre une action mutuelle.

Dans le premier cas, la viteſſe V'' ſera égale & directement contraire à φdt ; de même U'' ſera égale & directement contraire à Ψdt ; &c. Dans le ſecond cas, il ſuffira pour l'équilibre & par conſéquent pour le repos, que les forces $A \times V''$, $A \times \varphi dt$, $B \times V''$, $B \times \Psi dt$, $C \times v''$, $C \times \pi dt$, $D \times u''$, $D \times \varpi dt$; &c. ſe détruiſent les unes les autres.

Ce principe eſt d'un uſage très-général pour réſoudre toutes les queſtions de Dynamique. On verra dans cet Ouvrage combien il eſt utile pour déterminer la réſiſtance des Fluides.

COROLLAIRE I.

2. Soient les forces φ, Ψ, π, ϖ, &c. $= 0$; il eſt évident que les corps A, B, C, D &c. s'ils tendoient à ſe mouvoir avec les ſeules viteſſes V'', U'', v'', u'' &c. ſeroient en équilibre entr'eux : d'où il s'enſuit que l'équilibre ſubſiſteroit encore, ſi, conſervant la même direction, ils tendoient à ſe mouvoir avec les viteſſes gV'', gU'', gv'', gu'' &c. g étant un coëfficient ou nombre quelconque. Car des puiſſances qui ſont en équilibre y demeurent, quelque changement qu'on leur faſſe ſubir, pourvu qu'elles conſervent la même direction & le même rapport entr'elles.

COROLL. II.

3. Faisant toujours abstraction des forces φ, Ψ, &c. ou les regardant comme nulles, supposons que les vitesses V, U, v, u, &c. avec lesquelles les corps A, B, C, D, se meuvent ou tendent à se mouvoir dans un instant quelconque, deviennent par quelque cause que ce soit gV, gU, gv, gu, (g exprimant un coefficient quelconque) & conservent la même direction; je dis que les vitesses qui dans l'instant suivant auroient été V', U', v', u', seront gV', gU', gv', gu', avec la même direction qu'auroient eûe les vitesses V', U', v', u'. Pour rendre la démonstration plus facile à concevoir, ne prenons que deux corps A, B, (Fig. 1) & soient Aa, Bb les espaces infiniment petits que ces deux corps décriroient dans l'instant dt avec les vitesses V, U; & $a\alpha$, $b\beta$, les espaces infiniment petits qu'ils décriroient dans l'instant suivant avec les vitesses V', U': soient prolongées Aa, Bb, jusqu'à ce que $aa' = Aa$; & $bb' = Bb$; & soient achevés les parallélogrammes $\alpha a'$, $\beta\beta'$: il est évident (*art.* 1) que les corps A, B, seroient en équilibre, s'ils tendoient à parcourir durant l'instant dt les petits espaces $a\alpha'$, $b\beta'$. En effet, ces petits espaces $a\alpha'$, $b\beta'$, représentent les vitesses V'', U'', parce que les vitesses aa', & bb', c'est-à-dire V & U sont composées des vitesses $a\alpha$, $a\alpha'$, & $b\beta$, $b\beta'$, & que les vitesses V', U' sont représentées par $a\alpha$, & $b\beta$.

Maintenant, imaginons que les corps A, B, se meuvent suivant Aa, & Bb avec les vitesses gV, gU: on voit aisément qu'ils parcourront alors les espaces Aa, Bb, dans un instant égal à $\frac{dt}{g}$, & que dans l'instant suivant $\frac{dt}{g}$, ils tendent à se mouvoir suivant aa', & bb', c'est-à-dire suivant $a\alpha$, $a\alpha'$; & $b\beta$, $b\beta'$; or (*hyp.*) les corps A, B, en tant qu'ils tendent à se mouvoir dans l'instant dt suivant $a\alpha'$ & $b\beta'$, sont en équilibre; donc ils seront aussi en équilibre, s'ils tendent à décrire les mêmes espaces dans le tems $\frac{dt}{g}$ (*art.* 2). Donc les corps A, B, décriront réellement dans le second instant $\frac{dt}{g}$ les espaces $a\alpha$, $b\beta$; donc les vitesses V', U', se changeront en gV', gU', en conservant la même direction. Or ce que nous venons de démontrer ici pour un système de deux corps, se démontrera évidemment de la même maniére pour tant de corps qu'on voudra. Donc &c.

COROLL. III.

4. La démonstration seroit la même, si quelqu'une ou quelques-unes des vitesses V, U, v, u, &c. étoient nulles. Car soit par exemple la vitesse U du corps $B = 0$, & U' sa vitesse dans l'instant suivant, on aura $Bb = 0$,

$bb' = 0$, & les côtés bC, bC' du parallélogramme CC' seront égaux, & posés en ligne droite ; desorte que la vitesse U, que l'on suppose nulle, peut être regardée, en ce cas, comme composée de vitesses égales & contraires U', U'' ; cela posé, la démonstration demeurera la même, desorte que si le corps A tend à se mouvoir dans un instant quelconque avec la vitesse gV, & que le corps B soit en repos ; dans l'instant suivant le corps A se mouvra avec la vitesse gV' & le corps B avec la vitesse gU'.

COROLL. IV. ET FONDAMENTAL.

5. Soit un système quelconque de tant de corps qu'on voudra A, B, C, D, &c. qui ne soient animés par aucune force accélératrice, & qui soient d'abord supposés en repos. Qu'on imprime à un seul de ces corps, par exemple au corps A, une vitesse quelconque suivant une direction quelconque ; je dis que les corps A, B, C, D, décriront des Courbes, différentes entr'elles à la vérité ; mais donc chacune en particulier sera toujours la même, quelle que soit la vitesse initiale imprimée au corps A, pourvû qu'elle soit imprimée suivant la même direction. Car soit a la vitesse initiale imprimée au corps A, laquelle par l'action mutuelle des corps A, B, C, D, se change dans le premier instant dt en V, & soient U, v, u, les vitesses que prennent dans ce premier instant les corps B, C, D en vertu de cette action. Supposons

ensuite que dans le second instant dt, ces vitesses se changent en V', U', v', u', il est visible par le Corol. précédent, que si la vitesse imprimée au corps A avoit été ga en conservant la même direction, les vitesses réelles des corps A, B, C, D, auroient été dans le premier instant $\frac{dt}{g}$, gV, gU, gv, gu, sans changer de direction. Donc (*Coroll.* 3) dans l'instant suivant $\frac{dt}{g}$ ces vitesses se changeront en gV', gU', gv', gu', & auront la même direction qu'auroient eûe les vitesses V', U', v', u'; donc soit que la vitesse initiale imprimée au corps A soit a, ou ga, g étant un coefficient quelconque, les corps A, B, C, D, &c. décriront toujours chacun la même Courbe; avec cette différence pourtant, que si dans le cas de la vitesse imprimée $= a$, une portion quelconque de chacune de ces Courbes est décrite durant un tems t, la même portion sera décrite durant le temps $\frac{t}{g}$ dans le cas de la vitesse imprimée $= ga$. Ainsi le temps que chaque corps met à parcourir une partie quelconque de la Courbe qu'il décrit, sera en raison inverse de la vitesse initiale imprimée au corps A.

COROLL. V.

6. Soit x l'espace rectiligne ou curviligne décrit par un des corps, par exemple A, dans le premier

cas, où la vitesse imprimée est $= \alpha$, & soit γ la vitesse de ce même corps A lorsqu'il a décrit l'espace x.

Il est clair (*art.* 5) que si la vitesse imprimée eût été $g\alpha$, la vitesse à la fin de l'espace x auroit été $g\gamma$; or $\frac{g\alpha}{g\gamma} = \frac{\alpha}{\gamma}$. Donc quelle que soit la vitesse initiale imprimée au corps A, la vitesse que ce même corps aura à la fin de l'espace x sera toujours à cette vitesse initiale dans un même rapport. Donc si on nomme en général Q la vitesse initiale imprimée au corps A, q sa vitesse initiale réelle, enfin u sa vitesse à la fin de l'espace x, la fraction $\frac{Q}{u}$ sera proportionnelle à quelque fonction de x, & il en sera de même de la fraction $\frac{q}{u}$. Donc nommant X cette fonction de x, on aura $\frac{q}{u} = X$, ou en prenant les différentielles Logarithmiques $-\frac{du}{u} = \xi dx$, ξ étant aussi une fonction de x.

COROLL. VI.

7. Jusqu'ici nous avons fait abstraction de toutes forces accélératrices ou retardatrices. Mais si on suppose que chaque corps est animé par une force proportionnelle à sa vitesse, en ce cas tous les Theorêmes démontrés dans les Corol. 2. 3. 4. &c. auront lieu. Cette derniere observation nous sera utile dans la suite, pour déterminer la résistance des Fluides en

ayant

ayant égard aux frottemens. Au reste, tous les Theorêmes précédens, sont, si je ne me trompe, entiérement nouveaux.

PROPOS. II. THEOREME.

8. *Soit un corps solide plongé dans un Fluide tranquille & non Elastique ; & , faisant abstraction de toutes forces accélératrices qui agissent tant sur le Corps que sur le Fluide ; supposons qu'on donne à ce corps une impulsion quelconque. Je dis*

1°. Que quelle que soit la vitesse initiale imprimée au corps, pourvû qu'elle soit imprimée suivant la même direction, ce corps décrira toujours dans le Fluide la même ligne, soit droite, soit courbe ; mais que le temps qu'il employera à parcourir une partie quelconque de cette ligne, sera en raison inverse de sa vitesse initiale. Cela est évident par l'*article* 5.

2°. Qu'une particule quelconque du Fluide décrira toujours la même Courbe, quelle que soit la vitesse initiale imprimée au corps ; & que dans l'instant où le corps a fini de décrire l'espace x, la vitesse de cette particule sera toujours en raison donnée avec la vitesse du corps dans le même instant. C'est une suite du même *article* 5.

3°. Que si la résistance du Fluide est supposée dépendre de la seule vitesse du corps mû, elle ne peut être proportionnelle à d'autres fonctions de cette vitesse qu'au quarré ; car soit la vitesse initiale g, & à la fin de l'eſpace x la viteſſe $= u$ ou zg, z repréſentant une variable, t le temps employé à parcourir l'eſpace x, & $\varphi(u)$ une fonction de la viteſſe, à laquelle la réſiſtance ſoit proportionnelle ; on aura par le principe général des forces accélératrices $\varphi(u) \times dt = -du$, ou $dx = -\frac{udu}{\varphi u} = -\frac{zdz \cdot gg}{\varphi(z \times g)}$. Maintenant, ſoit dans un autre cas la viteſſe initiale g'; la viteſſe à la fin de l'eſpace x ſera zg' (*art.* 3) & l'on aura $dx = -\frac{zdz \cdot g'g'}{\varphi(z \times g')}$. Donc comparant ces deux valeurs de dx, on aura $\frac{gg}{\varphi(z \times g)} = \frac{g'g'}{\varphi(z \times g')}$, équation qui doit avoir lieu en général, quelle que ſoit z ; ce qui ne peut être à moins que $\varphi(z \times g)$ ne ſoit $= z^2 g^2$. Donc $\varphi(u) = u^2$. *Ce Q. F. D.*

COROLLAIRE.

9. Soit maintenant en général R la réſiſtance du Fluide, ſoit qu'elle dépende de la viteſſe ſeule, ou de quelqu'autre quantité combinée avec elle, on aura $Rdx = -udu$, & $dx = -\frac{udu}{R}$. Or (*art.* 6) on a généralement $dx = -\frac{du}{u\xi}$: donc $\frac{-u}{R} = \frac{-1}{u\xi}$, donc $R = \xi uu$. Donc en général la réſiſtance du Fluide eſt toujours proportionnelle au quarré de la viteſſe multipliée par une fonction quelconque de l'eſpace parcouru par le corps.

Donc puiſque ξ eſt une fonction de $\frac{u}{g}$ (*art.* 6) il s'enſuit que la réſiſtance *R* eſt comme le produit de uu par une fonction de $\frac{u}{g}$.

SCHOLIE I.

10. Nous démontrerons dans la ſuite que la réſiſtance du Fluide (abſtraction faite de la peſanteur, du frottement, & de l'élaſticité) eſt réellement proportionnelle au quarré de la viteſſe, enſorte que la fonction ξ de l'eſpace parcouru ſe réduit à une conſtante. Cette propoſition a été regardée juſqu'à préſent comme vraie par tous les Auteurs qui ont traité de l'action des Fluides, & pluſieurs l'ont démontrée à leur maniére. Mais, il me ſemble, que les preuves qu'ils en donnent ſont bien peu ſatisfaiſantes. Car les uns ſe fondent ſur ce ſeul raiſonnement, que plus le corps mû a de viteſſe, plus il en communique aux particules du Fluide, & plus il rencontre dans le même temps de particules de ce même Fluide; or perſonne, ce me ſemble, ne peut diſconvenir que ce raiſonnement ne ſoit bien vague. D'autres prétendant traiter cette matiére avec plus d'exactitude, ont trouvé la réſiſtance proportionnelle au quarré de la viteſſe, en faiſant toutes les hypotheſes dont nous avons parlé dans l'Introduction, & dont nous avons montré l'inſuffiſance.

Au reſte, toutes ces preuves, quoique peu convaincantes, se réunissant toutes dans une même conclusion, peuvent faire soupçonner qu'en effet cette conclusion est vraie ; & que la résistance des Fluides est réellement proportionnelle au quarré de la vitesse des corps qui s'y meuvent. C'est ce que nous discuterons dans la suite plus à fond.

SCHOLIE II.

11. En général, il est évident par la nature de notre démonstration, que dans un systême quelconque de corps qui agissent les uns sur les autres, (abstraction faite de la gravité, & de toutes autres forces extérieures) la force par laquelle le mouvement de chaque corps est altéré à chaque instant, est proportionnelle au produit du quarré de la vitesse par une fonction quelconque de l'espace parcouru.

Outre cela, il est évident par l'*art.* 5, qu'un corps qui se meut dans un même Fluide homogene, ou qui passe d'un Fluide dans un autre, décrira toujours la même Courbe, quelle que soit la vitesse initiale, pourvû qu'elle ait la même direction. Donc un Globe, par exemple, qui passe obliquement d'un Fluide dans un autre, doit décrire toujours la même Courbe dans son passage, si son angle d'incidence sur le Fluide inférieur ne change point ; quelle que soit d'ailleurs sa vitesse initiale. Ce qui prouve, pour le dire en passant, que si on attribue la réfraction de la lumiére à la résistance des milieux, on ne sauroit supposer que la différente couleur, c'est-à-dire la différente réfrangibilité des rayons vienne de la différence de leurs vitesses. Voyez là-dessus mon Traité de l'Equilibre & du Mouvement des Fluides, l. III. Ch. II.

SCHOLIE III.

12. Il résulte de tous les Principes posés jusqu'ici, que les loix de la résistance des Fluides dépendent beaucoup des loix de leur Equilibre. Nous allons donc dans le Chapitre suivant exposer les loix générales de l'Hydrostatique.

CHAPITRE II.

Principes généraux de l'équilibre des Fluides.

PROPOS. III. THEOREME.

13. SOIT *un Fluide ou une portion quelconque de Fluide* ABCD, (Fig. 2) *dont les particules soient sollicitées par des forces quelconques, de manière qu'elles soient en équilibre; je dis, que si d'un point* P *quelconque pris au-dedans de cette masse Fluide on tire les droites* PA, PB *à deux points quelconques* A, B, *de la surface* ABCD, *le point* P *sera également pressé suivant* BP *& suivant* AB; *ou, ce qui revient au même, le Fluide contenu dans le Canal ou Syphon rectiligne* APB *sera en équilibre. En effet,*

personne n'ignore que quand un Fluide est en équilibre, chaque particule P *est également pressée en tout sens.*

SCHOLIE I.

14. Quoique le Principe de l'équilibre des Canaux rectilignes, soit comme l'on voit, une conséquence très-naturelle de la pression des Fluides en tout sens; cependant je dois reconnoître ici, que feu *M. Maclaurin* est le premier qui ait fait usage de ce Principe, & qui l'ait appliqué à la recherche importante de la Figure de la Terre. Voyez son *Traité des Fluxions* art. 639, & son Traité *de Causâ Fluxûs & Refluxûs maris*, Paris 1740.

COROLL. I.

15. Si on prend sur *BP* un point quelconque *p*, la pression de *p* suivant *Bp* sera égale à celle de *Ap*, ensorte que le Fluide renfermé dans le Canal rectiligne *ApB* seroit en équilibre. Or le Fluide renfermé dans le Canal *APB* y seroit aussi: donc le Fluide renfermé dans un Canal triangulaire quelconque *ApP* sera en équilibre.

COROLL. II.

16. Donc le Canal ou Syphon rectangle *APCB*, (Fig. 3) seroit aussi en équilibre : car tirant *BP*, on verra que le Canal *APB* seroit en équilibre, & (*art.* 15) que le Canal *PBC* y seroit aussi. Donc &c.

COROLL. III.

17. Si on tire *ED* paralléle à *PC*, on verra que le Canal *AEDB* sera aussi en équilibre; donc le Canal rectangle *EDCP* y doit être aussi.

COROLL. IV.

18. Soit un Canal curviligne quelconque *APB*, (Fig. 4) je dis que le Fluide contenu dans ce Canal sera aussi en équilibre; car ayant pris l'Arc *Pp* infiniment petit, aussi-bien que l'Arc *Pp'*, on verra (*par l'article* 15) que les Canaux *APp*, *App'* sont chacun en particulier en équilibre. Donc le Canal *APp'* y sera aussi, & on prouvera de même que le Canal *APp'A* sera en équilibre, aussi-bien que le Canal *BROP*: or le Canal rectiligne *APRB* est en équilibre; donc le Canal curviligne *APB* sera aussi en équilibre: ainsi le Principe de l'équilibre des Canaux curvilignes, n'est qu'un Corollaire du principe plus simple de l'équilibre des Canaux triangulaires rectilignes, aboutissans à la surface du Fluide; Principe dû à *M. Maclaurin*.

COROLL. V.

19. Soient *M*, *N*, *O*, *Q*, (Fig. 5) quatre points ou particules du Fluide, infiniment proches l'une de l'autre, & placées de maniére que *MNQO* soit un rectangle infiniment petit. Soit *A* un point fixe quelconque au-dedans ou au-dehors du Fluide, & dans

le plan *MNOQ*, *AP* paralléle à *MO*, & l'angle *APM* droit. Qu'on ſuppoſe que les forces qui ſollicitent les points *M*, *N*, *O*, *Q*, agiſſant dans le plan *MNOQ*, ou *APM*; il eſt évident, qu'au lieu de la puiſſance qui agit, par exemple en *M*, on peut ſuppoſer deux forces qui agiſſent l'une ſuivant *MO* parallélement à *AP*, l'autre ſuivant *MN* paralléle à *AZ*, & de même des trois autres points *N*, *O*, *Q*. Soit $AP = x$, $PM = y$, *R* la force du point *M* ſuivant *MO*, & *Q* la force du même point ſuivant *MN*, $MO = \alpha$, $MN = \beta$; maintenant, imaginons que les forces accélératrices des points *M*, *N*, *O*, *Q*, ſoient proportionnelles à une fonction quelconque des diſtances de ces points aux lignes *AZ* & *PA*; enfin, pour rendre plus générale la propoſition, ſuppoſons que le Fluide ſoit héterogene & que la denſité δ d'une particule quelconque *M* ſoit proportionnelle à une autre fonction quelconque des lignes *AP*, & *PM*; en ce cas la force du point *N* ſuivant *NQ* ſera $R + \beta \times \frac{dR}{dy}$ (*a*) & la denſité de la colomne $NQ = \delta + \beta \times \frac{d\delta}{dy}$; ainſi la force de la co-

(*a*) J'entends en général par $\frac{dR}{dy}$, $\frac{dR}{dx}$, $\frac{d\delta}{dy}$ &c. les coefficiens qu'auroient *dy*, *dx*, &c. dans la différentiation des quantités *R*, δ, qui (*hyp.*) ſont des fonctions de *x* & de *y*. *M. Fontaine* a le premier imaginé cette expreſſion qui eſt extrêmement commode.

lomne

lomne MO ſuivant MO étant $\alpha \times R\delta$, celle de la colomne NQ ſuivant NQ ſera $\alpha \times (R + \frac{\beta dR}{dy}) \times (\delta + \frac{\beta d\delta}{dy})$. Par le même raiſonnement, on trouvera que la force de la colomne MN étant $\beta Q\delta$, la force du point O ſuivant OQ ſera $Q + \alpha \times \frac{dQ}{dx}$, & que la force de la colomne OQ ſuivant $OQ = \beta \times (Q + \frac{\alpha dQ}{dx}) \times (\delta + \frac{\alpha d\delta}{dx})$: or (*art.* 17) le Canal rectangle $MNQO$ doit être en équilibre ; donc la force des colomnes MN & NQ ſuivant MN & NQ doit être égale à celle des colomnes MO & OQ ſuivant MO & OQ. Donc (en négligeant ce qui doit ſe négliger, c'eſt-à-dire, les quantités où ſe trouveroient $\alpha\beta\beta$ & $\beta\alpha\alpha$) on aura $\beta Q\delta + \alpha R\delta + \alpha\beta\frac{\delta dR}{dy} + \alpha\beta\frac{R d\delta}{dy} = \alpha R\delta + \beta Q\delta + \alpha\beta\frac{\delta dQ}{dx} + \alpha\beta\frac{Q d\delta}{dx}$. Donc $\frac{Q d\delta}{dx} + \frac{\delta dQ}{dx} = \frac{R d\delta}{dy} + \frac{\delta dR}{dy}$, ou ce qui eſt la même choſe $\frac{d(Q\delta)}{dx} = \frac{d(R\delta)}{dy}$.

COROLL. VI.

20. Donc ſi le Fluide eſt homogene, c'eſt-à-dire, ſi la denſité δ eſt conſtante, on aura $\frac{dQ}{dx} = \frac{dR}{dy}$; propoſition qui étoit déja connue, mais que perſonne, ce

me semble, n'avoit encore démontrée par une méthode aussi simple que nous venons de faire. Cette derniere équation nous sera fort utile dans la suite pour déterminer les loix de la résistance des Fluides homogenes, & l'équation $\frac{d(Q\delta)}{dx} = \frac{d(\delta R)}{dy}$ pour déterminer celle des Fluides élastiques.

CHAPITRE III.

Principes généraux de la pression des Fluides, soit en mouvement, soit en repos.

PROPOS. IV. PROBLÊME.

21. *Soit un Fluide homogene* MNGH, (Fig. 6) *sans pesanteur, & qui soit ou d'une étendue indéfinie, ou renfermé dans un vase de figure & de grandeur quelconques. Soit placé où l'on voudra dans ce Fluide un corps solide* BECD, *soit prise autour de ce corps une portion de Fluide terminée par la surface* FOKL; *& supposons que toutes les particules tant du Fluide que du Solide, renfermées par la surface* FOKL, *soient animées par des forces telles qu'il y ait équilibre entre le Fluide & le Solide. On demande la pression que le Fluide exerce sur un point quelconque* D *du corps solide.*

Soient *FB*, *OD*, des lignes quelconques terminées par la surface du corps & par la surface *FOKL* du

Fluide ; il eſt évident que les particules de la ſurface *FO*, ſont animées par des forces qui ſont ou abſolument nulles, ou au moins perpendiculaires à la ſurface *FO*. En effet, *FOKC* peut être conſidérée comme la ſurface extérieure d'un Fluide en équilibre, puiſque les particules de Fluide placées hors de l'eſpace *FKPL*, ne ſont (*hyp.*) ſollicitées par aucune force. Or le Fluide contenu dans le Canal *FBDO*, doit être en équilibre (*art.* 18) ; donc le poids du Canal *OD* = le poids du Canal *FBD*. Donc la preſſion du point *D* ſera la même, que ſi ce point étoit preſſé perpendiculairement à la ſurface *BDC* par une force égale au poids du Canal *FBD*.

Corollaire I.

22. Soit *FB* (Fig. 7) une ligne droite, la peſanteur de la particule Z ſuivant $ZB = \varphi$, $FZ = z$, la preſſion en B ſera = à ce que devient $\int \varphi dz$ lorſque $z = FB$, & que j'appelle K. Soit de même $BD = s$, & la peſanteur de la particule V ſuivant $VD = \pi$; le poids du Canal BD ſera $\int \pi ds$. Donc la preſſion que ſouffre la particule Dd ſuivant DG perpendiculaire à $D\delta$ ſera $= D\delta \times (K + \int \pi ds)$: donc la preſſion qui réſulte de celle-là ſuivant Dd, c'eſt-à-dire parallélement à BC, ſera $D\delta \times (K + \int \pi ds) \times \frac{Dd}{DK} =$ (à cauſe des triangles ſemblables DKd, $dD\delta$) $d\delta \times (K + \int \pi ds)$.

Donc si la ligne *FB* est très-petite, on peut supposer sans erreur sensible, que la pression en *D* paralléle à *BC* est $d\delta \times \int \pi ds$.

Il faut bien remarquer ici & dans les articles suivants, que la densité du Fluide est prise pour l'unité; car si on ne vouloit pas la prendre pour telle, alors nommant cette densité Δ, il seroit nécessaire de multiplier par Δ l'expression précédente.

COROLL. II.

23. Soit maintenant Ψ la force de gravitation du point *V* suivant *VO*, $RV = y$, $BR = x$, on aura $\pi = \frac{\Psi dx}{ds}$. Donc $\pi ds = \Psi dx$: donc $\int \pi ds = \int \Psi dx$: donc la pression en *Vu* sera $= \int \Psi dx$; c'est-à-dire qu'elle sera égale à la pesanteur d'une colomne rectiligne *VN* (Fig. 8) dont les parties seroient sollicitées par la force variable Ψ. De même la pression du point *u*, selon *uV* sera par la même raison égale au poids qu'auroit la colomne *Nu*: donc la pression du point *V* selon *VN* sera égale au poids de la colomne *Vu*, d'où l'on déduit ce Theorême.

Si les parties *V* de Fluide contiguës à la surface *BDCE* sont sollicitées suivant *VO* paralléle à l'Axe *BC* par une puissance Ψ, qui soit différente (si l'on veut) pour chaque point *V*, je dis que la pesanteur que souffre le corps *BDCE* en vertu de toutes ces forces sera dirigée de C vers B, & égale à la pesanteur qu'auroit le corps suivant BC, si toutes les parties contenues dans chaque ordonnée QV étoient poussées parallélement à BC par la même force Ψ qui agit sur le point correspondant V.

COROLL. III.

24. Soit $BDCE$ (Fig. 9) un Canal rentrant en lui-même, & rempli de Fluide; & que les points N, n, soient ceux auxquels répond la plus grande largeur Nn du Canal. Supposons que ces deux points N, n, soient sollicités parallélement à BC par une force φ, je dis que la pression qui en résultera suivant BC sera $= \varphi \times Nn$. Car la pression φ qui agit sur le point N, agit également sur tous les points R de la partie NRC : ainsi la pression en R agissant perpendiculairement aux parois du Canal, est $Rr \times \varphi$: de cette pression il en résulte une autre suivant rr' qui sera $= Rr \times \varphi \times \frac{Rr'}{Rr} = \varphi \times Rr'$; donc toute la pression suivant $CB = \varphi \times \int Rr' = \varphi \times Nn$.

COROLL. IV.

25. Soit $BVDNCEB$ un Canal dont toutes les parties V soient sollicitées suivant VL par une force constante $= \Psi$; la pression de ce Canal suivant BC sera (*art.* 23) $\Psi \int y\,dx$, en désignant par $\int y\,dx$ la masse du corps $BDCE$. Supposons, outre cela, que les parties du Canal $BVDN$ soient sollicitées par des forces va-

riables π, qui agissent suivant VD, ensorte que ces forces π se terminent au point N qui répond à la plus grande ordonnée, la pression qui en résulte de B vers C sera (*art.* 22) $\int dy \int \pi ds$; or soit Δ la valeur de $\int \pi ds$ en N, il est visible que la pression en N est $= \Delta$, & que cette pression (*art.* 24) est la même dans tous les points du Canal NC: donc la pression de C vers B venant du Canal NCE sera $\Delta \times b$, b désignant la plus grande ordonnée Nn. Donc si on nomme G ce que devient $\int dy \int \pi ds$ lorsque $y = NL$, la pression totale suivant BC sera $= \Psi \int y dx - \Delta . b + G$.

REMARQUE.

26. Jusqu'ici nous avons regardé le corps $BDCE$ comme une figure plane, ou, ce qui revient au même, comme un solide engendré par le mouvement parallèle d'une figure plane. Mais si ce solide étoit engendré par la révolution de la figure $BDCE$ autour de l'Axe BC; alors, nommant 2π le rapport de la circonférence du cercle au rayon, il faudroit substituer dans les Formules précédentes $\pi \int yy dx$ au lieu de $\int y dx$, $\frac{\pi b b}{4}$ au lieu de b & $2\pi y dy$ au lieu de dy.

PROPOS. V. PROBLÊME.

27. *Soit un Canal ou Tuyau* ABCD (Figure 10) *d'une longueur indéfinie, dont les parois* AB, CD, *soient*

extrêmement proches l'un de l'autre ; & dont la largeur soit toujours la même dans sa partie supérieure FABG, *puis croisse depuis* A *jusques vers* C, *ou du moins soit variable ; supposons ensuite que dans ce Canal coule un Fluide homogene & sans pesanteur, desorte que dans la partie indéfinie & cylindrique* FABG *la vitesse du Fluide soit uniforme & toujours la même. On demande la vitesse du Fluide en un point quelconque* P *du Canal* ABCD, & *la pression du point* P.

1°. Il est évident que toutes les parties du Fluide contenues dans une tranche quelconque PM ont toutes la même vitesse du moins à très-peu près, tant parce que PM est supposée très-petite, que parce qu'on peut imaginer dans les particules du Fluide une certaine tenacité, en vertu de laquelle les particules qui sont contiguës l'une à l'autre dans une même tranche PM soient adhérentes entr'elles, & aient une vitesse égale. Par la même raison, toutes les parties de la tranche AB auront une même vitesse. Donc tandis que les particules AB viennent en ab, les particules PM viendront en pm, de maniére qu'on aura $PMmp = ABba$ ou $PM \times Pp = AB \times Aa$, parce que l'on peut regarder PM & AB comme perpendiculaires à Pp & Aa. Donc la vitesse du point P est à celle du point A comme Pp à Aa, c'est-à-dire comme AB à PM; donc faisant $PM = y$, $AB = \beta$, la vitesse constante en $A = b$, & la vitesse en M ou en $P = u$, on aura $u = \frac{b\beta}{y}$.

2°. Soit $AP = x$, dt l'inſtant employé à parcourir Pp ; il eſt clair qu'à la fin de l'inſtant dt, la viteſſe u devient $u + du$, deſorte que quand les particules PM paſſent en pm, la viteſſe avec laquelle elles tendent à ſe mouvoir devient $u + du$ (je mets $+ du$, quoique la viteſſe diminue réellement de P en p, la largeur du Canal de A vers P étant ſuppoſée croiſſante dans la Figure ; mais comme du eſt négative lorſque x croît, il s'enſuit que $u + du$ eſt réellement moindre que u) : or la viteſſe u eſt compoſée de $u + du$ & de $- du$: d'où il s'enſuit (*art.* 1) que ſi les tranches PM étoient ſollicitées par la ſeule viteſſe infiniment petite $- du$, ou, ce qui eſt la même choſe, par la ſeule force accélératrice $\frac{-du}{dt}$, le Fluide contenu dans le Canal $ABCD$ ſeroit en équilibre. Donc la preſſion en P ſera la même, que ſi les particules PM de chaque tranche étoient ſollicitées par une force $= \frac{-du}{dt}$: or dans ce cas on trouve que faiſant $Pp = ds$, la preſſion en P ſeroit $\int Pp \times \frac{-du}{dt} = \int ds \times \frac{-du}{dt}$. Donc puiſque $ds = u\,dt$, on aura la preſſion en $P = \int - u\,du = \frac{bb - uu}{2} = bb\,\frac{(yy - CC)}{2yy}$.

COROLLAIRE I.

28. Si (par quelque cauſe que ce ſoit) la viteſſe du

du Fluide dans la portion cylindrique *ABGF* n'étoit pas toujours la même, enforte que b fût variable; alors mettant au lieu de b une variable quelconque v, on auroit $u = \frac{v\zeta}{y}$ & $-du = \zeta \times \frac{(-ydv + vdy)}{yy}$. Donc la pression en *P* feroit $\frac{-\zeta dv}{dt} \times \int \frac{ds}{y} + bv\int \frac{dsdy}{yydt}$, en prenant v, dv, & dt pour constantes, parce que la pression qu'on cherche n'est pas la somme des pressions dans un temps t, mais la pression dans un instant dt. Donc si dans $\frac{dsdy}{yydt}$ on met pour dt sa valeur $\frac{ds}{u}$ ou $\frac{yds}{\zeta v}$, on aura la pression en $P = \frac{-\zeta dv}{dt} \times \int \frac{ds}{y} + \zeta^2 v^2 \times (\frac{1}{2\zeta\zeta} - \frac{1}{2y^2})$.

COROLL. II.

29. Si le Fluide est supposé pesant, alors prenant g pour la gravité naturelle, il est manifeste, que les particules *PM* sollicitées par les forces $g - \frac{du}{dt}$ seront (*art.* 1) en équilibre entr'elles. Donc 1°. si la vitesse v est constante, la pression sera $\int ds\,(g - \frac{du}{dt}) = g \cdot AP + bb\frac{(yy - \zeta\zeta)}{2yy}$ à quoi il faut ajouter $g \times FA$. 2°. Si

la viteſſe v eſt variable, la preſſion ſera $g \cdot AP - \frac{\beta\, dv}{dt} \times \int \frac{ds}{y} + \beta^2 v^2 \left(\frac{1}{2\beta^2} - \frac{1}{2y^2}\right) + \left(g - \frac{dv}{dt}\right) \cdot FA.$

SCHOLIE I.

30. Si les ordonnées *PM* décroiſſent de *A* vers *P*, alors la viteſſe du Fluide croîtra de *A* vers *P*; & la preſſion ſe fera de *P* vers *A*. Soit donc en ce cas *Q* (Fig. 11) l'endroit où la largeur du Canal eſt la moindre, & par conſéquent la viteſſe du Fluide la plus grande; on trouvera que la preſſion en *P* eſt égale à la moitié du quarré de la viteſſe en *Q* moins la moitié du quarré de la viteſſe en *P*. Deſorte que la preſſion eſt la plus grande en *A*, & nulle en *Q*.

Mais, dira-t-on peut-être, comment ſe peut-il faire que la preſſion ne ſoit pas nulle en *A*, & qu'au contraire elle ſoit plus grande que dans un autre point? Car ſi l'on a quelque preſſion en *A* ſuivant *AF*, il doit néceſſairement y avoir une égale preſſion ſuivant *FA*: or le Fluide (*hyp.*) ſe meut uniformément de *F* vers *A*: donc il ne peut y avoir en *A* aucune preſſion ſuivant *FA*. Je réponds que le Canal *AFBG* étant ſuppoſé d'une longueur indéfinie, la preſſion en *A* eſt ſoutenue par la ſeule maſſe du Fluide *AFBG*. En effet, ſi le Fluide contenu dans le Canal cylindrique *AFBG* n'étoit pas ſuppoſé indéfini, alors il faudroit néceſſairement que la viteſſe y diminuât à chaque inſtant, pour que la viteſſe augmentât dans le Canal rétreci *ABMP*;

par la même raiſon, que quand un corps en choque un autre qui ſe meut du même côté, la viteſſe du corps poſtérieur diminue, & celle du corps antérieur augmente. Pour rendre cela plus ſenſible, ſoit l la longueur du Canal $FABG$ ſuppoſé fini, & imaginons que chaque particule de ce Canal ait reçu une viteſſe V qu'elle ſoit obligée de changer en U à cauſe de la communication avec la partie $AQNB$; la viteſſe en PM ſera $\frac{v\zeta}{y}$, & la preſſion en AB ſuivant FA ſera = à la preſſion en AB ſuivant PA (*art.* 1) : d'où l'on tire $(V - U)\, l = U \int \frac{ds \,.\, \zeta}{y}$; donc $U = \frac{Vl}{l + \int \frac{\zeta ds}{y}}$; donc $V - U$ n'eſt = o que lorſque l eſt indéfinie; dans tout autre cas on aura $U < V$.

Coroll. III.

31. Si le tuyau n'eſt pas vertical, mais incliné, comme on le voit dans la Figure 12; alors menant la verticale AZ, & l'horizontale PZ, il faudra mettre $g \,.\, AZ$ au lieu de $g \,.\, AP$ dans les deux formules du Corol. précédent; parce que la quantité $g\, ds$ ſe change en $g \times \frac{Zz}{Pp} \times Pp = g \,.\, Zz$.

De plus, s'il n'y a point d'autre force accélératrice & extérieure qui agiſſe ſur le Fluide, que la gravité naturelle, on aura dans le cas de l'*art.* 29, $\frac{dv}{dt} = g$, &

dans le cas de l'*art. préf.* $\frac{dv}{dt} = gh$, en nommant h

le Coſinus de l'inclinaiſon du tuyau *FA*. Ainſi dans le premier cas la preſſion ſera égale à g . *AP* —

$6g\int \frac{ds}{y} + 6^2 v^2 \left(\frac{1}{2\,6^2} - \frac{1}{2y^2} \right)$ & dans le ſecond cas

ſera g . *AZ* — $6gh\int \frac{ds}{y} + 6^2 v^2 \times \left(\frac{1}{2\,6^2} - \frac{1}{2y^2} \right)$.

C O R O L L. IV.

32. Puiſque $\frac{6v}{y}$ eſt la viteſſe en P ou en M, ſoit en général la viteſſe en $M = v\varrho$, & la preſſion ſera

$\frac{-dv}{dt} \times \int \varrho\, ds + \frac{v^2}{2} [1 - \varrho\varrho]$, g étant $= 0$: cette ex-

preſſion ſera d'un grand uſage dans la ſuite.

S C H O L I E II.

33. En général, ſoit que le Fluide ſoit peſant ou non, on peut ſuppoſer la viteſſe v égale à celle qu'ac-quereroit un corps ſollicité par la peſanteur g & tom-bant de la hauteur h ſoit variable, ſoit conſtante. Donc dans le premier cas on aura $bb = 2gh$, & la preſſion en $P = gh(1 - \varrho\varrho)$: ainſi la preſſion en P ſeroit la même que celle d'une colomne de Fluide

ſtagnant, de la peſanteur g, & de la hauteur $h\,(1 - \varrho\varrho')$. Par-là on voit que la formule trouvée ci-deſſus pour la quantité de la preſſion, peut ſe rappeller & ſe comparer facilement à des preſſions connues.

SCHOLIE III.

34. Juſqu'ici nous avons ſuppoſé la denſité du Fluide conſtante. Si elle ne l'étoit pas, ſoit δ la denſité du Fluide en P ou en M, & δ' la denſité en A, (Fig. 10) ; je dis que la viteſſe en P ſera $\frac{\varepsilon v \delta'}{y\delta}$. Car ſuppoſant la maſſe de $ABba =$ à celle de $PMmp$, on aura $Aa \times \delta' \times Bb = PM \times Pp \times \delta$. Donc faiſant $\frac{\varepsilon v}{y} = v\varrho$, & $\delta = \frac{\delta'}{\sigma}$, on aura la viteſſe en $M = v\varrho\sigma$: d'où la preſſion ſera $-\frac{\delta' dv}{dt}\int\frac{\sigma\varrho\, ds}{\sigma} - \delta' v\int\frac{ds\, d(\varrho\sigma)}{\sigma\, dt}$, c'eſt-à-dire (à cauſe de $dt = \frac{ds}{v\varrho\sigma}$) $\frac{-\delta' dv}{dt} \cdot \int\varrho\, ds - \delta' vv \int\varrho\, d(\varrho\sigma)$, g étant $= 0$.

CHAPITRE IV.

De la pression qu'un Fluide en mouvement exerce sur un corps en repos qui y est plongé.

35. POUR déterminer la résistance qu'un Fluide soit en mouvement soit en repos, fait à un corps qui s'y meut, il est à propos de déterminer d'abord l'action qu'un Fluide en mouvement exerce contre un corps en repos. Car nous ferons voir dans le Chapitre suivant, que toute la Théorie de la résistance des Fluides dépend delà. Nous commencerons donc par exposer nos recherches sur ce sujet.

SECTION PREMIERE.

Observations nécessaires pour l'intelligence des propositions suivantes.

36. Soit un Fluide *QqGH*, (Fig. 13) homogene & sans pesanteur, qui soit, ou indéfini, ou renfermé dans un vase de figure & de grandeur quelconques; que ce Fluide se meuve de *Q* vers *H*, & soit plongé dans ce Fluide un corps solide *AECD*, qui nonobstant l'action que le Fluide exerce sur lui, demeure en repos par quelque cause que ce puisse être; par exemple, par la résistance d'une puissance qui pousse le corps de *C* vers *A*, tandis que le Fluide le pousse

de *A* vers *C*: on demande la pression du Fluide sur le corps *ADCE*.

1°. Il est évident que les particules du Fluide, si le corps *ADCE* ne leur faisoit point d'obstacle, devroient décrire les lignes paralléles entr'elles *TF*, *OK*, *PS*, &c. mais la présence de ce corps fait, que quand elles sont approchées à une certaine distance de lui, elles doivent peu à peu changer de direction en *F*, *K*, *S*, &c. & décrire les Courbes *FM*, *Km*, *Sn*, &c. lesquelles lignes seront d'autant plus différentes d'une ligne droite qu'elles seront plus proches de la surface *ADC*, & au contraire d'autant moins différentes d'une ligne droite, qu'elles seront plus éloignées de cette surface. Desorte qu'à une certaine distance du corps *ADEC*, par ex. *ZY*, ces Courbes deviendront des lignes droites; & que le Fluide renfermé dans l'espace *ZYHQ* se mouvra uniformément, de la même maniére que si le corps solide *ADCE* n'étoit pas dans le Fluide. Il en faut dire autant du Fluide qui est de l'autre côté de *AEC*; & si cette partie *AEC* est égale & semblable à *ADC*, les Courbes que décrivent les particules du Fluide du côté de *AEC*, seront tout-à-fait semblables & égales à celles qui sont décrites du côté de *ADC*.

2°. Outre cela, puisqu'on suppose que le corps *ADCE* est en repos, & qu'on fait abstraction de toutes forces accélératrices qui pourroient agir sur le Fluide, il est évident qu'on doit supposer le mouvement du

Fluide dans un état permanent, c'eſt-à-dire que les Courbes *FD*, *Km*, décrites dans un inſtant quelconque par les particules, ſont toujours les mêmes ; enſorte que les particules qui ont décrit par exemple la ligne droite *OK*, décriront toujours la ligne Courbe *Km*.

3°. Tout corps mû qui change de direction, n'en change que par degrés inſenſibles. Delà il s'enſuit que les particules qui ſe meuvent dans l'Axe *TF*, ne parviennent pas juſqu'au ſommet *A* du corps. Car ſi elles parvenoient juſqu'à *A*, alors à cauſe de l'angle droit *FAa*, leur direction *TA* devroit en un inſtant ſe changer en une autre direction qui feroit avec la premiere *TA* un angle fini. Donc les particules qui ſe meuvent dans l'Axe *TF*, commenceront à quitter cette direction, du moins à quelque petite diſtance de *A*, par exemple en *F*, & elles décriront la Courbe *FM* qui touchera la ligne *TF* en *F*, & la ſurface du corps en *M* ; enſuite cette Courbe coincidera & s'appliquera exactement ſur la ſurface *MDL* du corps ſolide juſqu'à un point *L* où elle quittera cette ſurface, pour venir atteindre & toucher l'Axe *TAC* en *R*. Delà il s'enſuit qu'il y a devant & derriere le ſolide des eſpaces *FAM*, *CLR*, où le Fluide eſt néceſſairement ſtagnant ; il en faut dire autant de l'autre côté *AEC*.

4°. Suppoſons pour plus de facilité, que la partie *AEC* du corps ſoit parfaitement ſemblable & égale à la partie *ADC*, en ce cas l'action du Fluide ſera préciſément la même des deux côtés : c'eſt pourquoi

nous

nous ne ferons ici attention qu'à la partie *ADC*. Maintenant, ſoit α la viteſſe des particules du Fluide dans un inſtant quelconque ; que cette viteſſe devienne α' dans l'inſtant ſuivant ; & ſuppoſons que la viteſſe α ſoit composée des viteſſes α' & α'' : il eſt évident (*art.* 1) que les particules du Fluide, ſi elles tendoient à ſe mouvoir avec la ſeule viteſſe α'', ſeroient en équilibre ; & qu'en ce cas, la preſſion du Fluide ſeroit la même que s'il étoit ſtagnant, & que ſes parties fuſſent sollicitées au mouvement par une force accélératrice $\frac{\alpha''}{dt}$: or ſoit α conſtante, c'eſt-à-dire $\alpha = \alpha'$, & ſoient de plus les particules muës en ligne droite, on aura $\alpha'' = \alpha' - \alpha = 0$; donc le corps ne peut ſouffrir aucune preſſion que des particules de Fluide, dont ou la viteſſe, ou la direction, ou toutes les deux ſont changées par la rencontre du corps.

5°. Soient donc α, & α' les viteſſes de ces particules dans deux inſtans conſécutifs (il n'eſt pas néceſſaire d'obſerver que ces quantités α, & α' ſont indéterminées & différentes pour chaque particule) ; il eſt évident que ces particules ſeroient en équilibre, ſi elles étoient ſollicitées au mouvement par la force accélératrice $\frac{\alpha''}{dt}$. Donc ſi γ eſt le point où les particules qui décrivent la ligne *TF* commencent à changer de viteſſe, la preſſion en *D*, par exemple, ſera égale à la preſſion qu'exerceroit un Fluide contenu dans le Canal γFMD, dont les parties seroient animées par la force $\frac{u''}{dt}$ différente pour chacune. La question se réduit donc à trouver, tant la courbure du Canal γFMD, que les forces $\frac{u''}{dt}$ dans ce Canal.

Je remarque d'abord qu'il ne peut résulter aucune pression des particules contenues dans la portion FM, qui touche l'Axe en F, & la surface en M. Pour le démontrer, je suppose que la particule a (Fig. 14) de la portion FM, décrive dans un instant quelconque la petite ligne ab, & dans l'instant suivant la ligne bc. Soit faite $bd =$ & en ligne droite avec ab; il est visible que la particule a, quand elle est arrivée en b, décriroit dans l'instant suivant la ligne bd si rien ne l'en empêchoit. Mais comme elle est forcée de décrire bc, il s'ensuit qu'on peut regarder (*art.* 1) la vitesse ab ou bd qu'elle avoit dans l'instant précédent, comme composée de la vitesse bc qu'elle a dans l'instant suivant, & d'une autre vitesse cd qui doit être détruite. Donc menant bi paralléle à dc, & ie perpendiculaire à bc, il est clair que la particule b sollicitée par les forces be, ei, doit demeurer en équilibre. Cela posé, je dis que be sera $= 0$; c'est-à-dire en général, que la force accélératrice ou retardatrice de la particule b suivant bc doit être nulle. Car si elle ne l'étoit pas, soit menée bm (Fig. 15) perpendiculaire à Fb, & nq qui en soit infiniment proche: donc la partie bn du Fluide contenu dans le Canal *bnqm* auroit quelque pression de *b* vers *n*, ou de *n* vers *b*. Donc puisque le Fluide contenu dans le Canal *bnqm* doit être en équilibre, il faudroit qu'il y eût aussi quelque action au moins dans l'une des parties *bm*, *mq*, *qn*, pour contrebalancer l'action de la partie *bn*. Mais on a démontré que le Fluide est stagnant dans l'espace *FAM*: donc il n'y a aucune force qui puisse agir sur *bm*, *mq*, *qn*; donc la pression du Canal *bn* suivant *bn* ou *nb* est nulle. Donc la force suivant *be* (Fig. 14) de la particule $b = 0$: donc *bi* ou *cd* est perpendiculaire à *bc*; donc il n'y a aucune pression dans le Canal *FM*, si ce n'est celle qui vient, ou de la partie supérieure γF, (Fig. 13) ou de la force *ei* (Fig. 14). Mais comme cette derniere est perpendiculaire aux parois du Canal; il s'ensuit qu'elle n'exerce aucune pression de *F* vers *M*: donc le point *M* ne souffre aucune pression que celle qui peut venir de la partie γF (Fig. 13).

Delà il s'ensuit que la vitesse dans la Courbe *FM*, est, ou constante si elle est finie, ou infiniment petite, si elle est variable. Car dans le premier cas, la force suivant *be* sera absolument nulle; & dans le second, elle sera infiniment petite du second ordre, & pourra par conséquent être regardée comme nulle. Nous ferons voir plus bas, que c'est ce second cas qui a lieu ici, c'est-à-dire que la vitesse du Fluide le long de *FaM* doit être infiniment petite, ou du moins si petite, qu'on puisse la traiter comme zero. D'où il s'ensuit que la viteſſe du Fluide avant que de commencer à changer de direction en *F*, commence à changer de quantité dans quelque point γ ſupérieur au point *F*; de maniére que depuis γ juſqu'en *F* elle diminue juſqu'à devenir très-petite en *F*.

COROLLAIRE I.

37. Donc la preſſion ſur un point quelconque *D*, vient, tant de la partie γF, que des particules de Fluide qui ſont dans le Canal *MD*. Or comme ces dernieres particules ſe meuvent le long de la ſurface du corps; la force $\frac{u''}{dt}$, détruite dans chacune, eſt compoſée de deux autres, l'une ſuivant la ſurface *MD*, l'autre perpendiculaire à cette ſurface; nommons la premiere de ces forces π, la ſeconde π', nous verrons aiſément que le point *D* eſt preſſé perpendiculairement à la ſurface *MD*, 1°. par la ſomme des forces π dans la Courbe *MD*. 2°. par la force π' qui agit ſur le ſeul point *D*. Or cette derniere force qui n'agit que ſur un point unique *D* étant infiniment petite par rapport à la ſomme des forces π, qui agiſſent ſur le nombre infini des particules placées dans la Courbe *MD*; il s'enſuit que la preſſion du point *D* vient de la ſomme ſeule des forces π. Donc prenant dans l'Arc *MD* une portion quelconque infiniment petite (Fig. 14) $Nm = ds$, la preſſion en *D* perpendiculaire à la ſurface du corps

ſera $= \int \pi ds$; & cette quantité $\int \pi ds$ doit être priſe de maniére qu'en M on ait $\int \pi ds = 0$.

COROLL. II.

38. Donc pour déterminer la preſſion en D, il faut connoître la force π en un point quelconque N. Soit donc u la viteſſe de la particule N ſuivant Nm dans un inſtant quelconque, & $u + du$ ſa viteſſe dans l'inſtant ſuivant; on aura (*art.* 1) $\pi = -\frac{du}{dt}$: la queſtion ſe réduit donc à trouver la viteſſe u d'un point quelconque N ſuivant Nm. C'eſt à quoi ſont deſtinées les Propoſitions ſuivantes.

PROPOS. VI. THEORÊME.

39. *Quelle que ſoit la viteſſe & la denſité du Fluide mû, & la maſſe du corps* ADCE (Fig. 13) *pourvu que ce corps conſerve toujours la même figure & le même volume; je dis que chacune des Courbes* FaMD, Kmd, *qui ſont toutes différentes les unes des autres, ſera toujours la même.*

Je démontrerai d'abord, que l'on peut ſuppoſer que chacune de ces Courbes eſt toujours la même; enſuite je démontrerai qu'on doit néceſſairement les ſuppoſer telles.

I.

Soit U la viteſſe d'une particule quelconque m, quand la viteſſe en γ eſt a. Suppoſons enſuite un ſemblable corps, de la même figure & du même volume, expoſé au courant d'un autre Fluide dont la viteſſe & la denſité ſoient quelconques; enfin, ſuppoſons que dans les deux cas les Courbes FaM, Km, &c. & les deux points γ, F, ſoient les mêmes. Je vais démontrer que cette ſuppoſition eſt légitime. Soit ga la viteſſe en γ, g étant un coefficient quelconque, je dis que les Courbes peuvent demeurer les mêmes, pourvu que la viteſſe en m ſoit gU, c'eſt-à-dire en général, pourvu que la viteſſe en un point quelconque ſoit changée en raiſon de g à 1 ſans changer de direction. En effet, le rapport de la viteſſe U en m, à la viteſſe a, ne dépend que de la diſtance mutuelle des Courbes FM, Km, en m, puiſque le rapport des viteſſes U & a dépend de la largeur du Canal contenu entre les Courbes FM & Km. Donc ces Courbes peuvent demeurer les mêmes, pourvu que le rapport des viteſſes U, a, ne change point; c'eſt-à-dire, pourvu que U devienne gU, a devenant ga.

2°. Quand la viteſſe eſt a en γ & U en m, la force $\frac{u''}{dt}$ repréſente (*art.* 36) la force qui doit être détruite dans chaque particule; deſorte que les parties du Fluide ſollicitées par la force $\frac{u''}{dt}$ ſeroient en équilibre entr'elles.

Or si les parties d'un Fluide dont la densité est δ, animées par les forces quelconques π sont en équilibre, il est évident que l'équilibre subsiste, si la force π devient πg, & la densité δh, g & h étant des coefficiens quelconques; pourvu que la direction de la force qui agit sur chaque particule demeure la même. Donc l'équilibre du Fluide dont les parties sont animées par la force $\frac{\alpha''}{dt}$ ne sera point troublé, si on change à volonté la densité du Fluide, & que chaque force $\frac{\alpha''}{dt}$ devienne $\frac{g\alpha''}{dt}$, en conservant la même direction : or les Courbes décrites par les particules du Fluide demeurant toujours les mêmes (*hyp.*) ; il est évident que si les vitesses U donnent la force $\frac{\alpha''}{dt}$, les vitesses gU donneront $\frac{g\alpha''}{dt}$. Donc la force $\frac{g\alpha''}{dt}$ sera détruite : donc on peut supposer que les Courbes FM, Km soient les mêmes dans les deux cas.

I I.

Je dis maintenant, qu'il s'ensuit de-là que ces Courbes sont nécessairement les mêmes. Car les particules du Fluide, comme nous venons de le prouver, *peuvent* toujours décrire les mêmes Courbes dans les deux cas. Donc elles *doivent* réellement les décrire, puisque la densité du Fluide & sa vitesse étant données avec la figure & la masse du corps, le chemin que chaque particule doit parcourir, est nécessairement déterminé & unique. Ce raisonnement est absolument analogue à celui-ci, qui est admis de tous les Geométres. Si un corps est jetté dans le vuide, dans l'hypothese de l'attraction Newtonienne, il y a toujours quelque Section conique qu'il *peut* décrire. Donc il *doit* réellement décrire cette Section, puisque le chemin qu'il doit parcourir est nécessairement unique & déterminé.

COROLL. I.

40. Donc quelles que soient la vitesse a du Fluide, sa densité, & la masse du corps, $\frac{U}{a}$ sera toujours constante pour un même point m, quoique différente pour différens points : car a devenant ga, U devient gU; or $\frac{U}{a} = \frac{gU}{ga}$. De plus, les vitesses U & gU auront la même direction en m, puisque les Courbes décrites par le point m sont les mêmes dans l'un & l'autre cas.

COROLL. II.

41. Donc si on suppose en général $\frac{U}{a} = \varrho$, la quantité ϱ ne dépendra ni de la densité du Fluide, ni de la masse du corps, mais seulement de la figure & du volume du corps, & de la position du point m. Donc faisant

faisant $AP = x$, & $Pm = z$, ϱ sera une fonction de x & de z qui variera selon la figure du corps $ADCE$.

COROLL. III.

42. Donc puisque la vitesse en m a toujours la même direction ; si on décompose cette vitesse en deux autres, l'une parallèle à AP, que je nomme aq, l'autre perpendiculaire à AP, que je nomme ap, q & p seront des fonctions de x & de z qui ne dépendront ni de la vitesse a, ni de la densité du Fluide.

PROPOS. VII. THEORÊME.

43. *Supposons qu'une particule quelconque* N *du Fluide* (Fig. 16) *décrive les deux côtés contigus & infiniment petits* FN, Nm *de la Courbe* FNm, *& soit* aq *la vitesse de la particule* N *en* N *parallèlement à* AP ; ap *sa vitesse en* N *perpendiculairement à* AP, q *&* p *étant* (*art.* 42) *des fonctions inconnues de* AP (x) *& de* PN (z). *Soit enfin* $dq = Adx + Bdz$, *&* $dp = A'dx + B'dz$, A, B, *&* A', B' *étant des fonctions pareillement inconnues de* x *& de* z ; *je dis que la force suivant* NB *perpendiculaire à* AP, *qui doit être détruite dans la particule* N *sera* $-(B'p - A'q)a^2$.

Car quand la particule N est en N, sa force suivant NB, qui doit être détruite, est l'excès de la vitesse qu'elle a en F suivant FE sur la vitesse qu'elle a en N suivant NB. Or la vitesse en N suivant NB

eſt $= ap$. Donc la viteſſe en F ſuivant $FE = ap - a . FE \times \frac{dp}{dz} - a . NE \times \frac{dp}{dx}$, ou $a \times (p - FE \times B' - NE \times A')$: or la viteſſe en F ſuivant FE eſt à la viteſſe en N ſuivant NB, comme FE à mO ou $apdt$, & de plus, on a $NE = \frac{FE \times q}{p}$. Donc on aura $ap : ap - a . FE \times B' - \frac{aq . FE \times A'}{p} :: apdt : FE$. Donc (regardant FE comme infiniment petite, & rejettant par conſéquent de ſon expreſſion les quantités du troiſiéme ordre) on trouvera $FE = apdt\ (1 - aB'dt - \frac{aA'qdt}{p})$. Donc $FE - Om = a^2 pdt^2 \times (- B' - \frac{A'q}{p})$: donc la force en N ſuivant NB, c'eſt-à-dire $\frac{FE - Om}{dt^2} = (- pB' - A'q)\, a^2$. Ce Q. F. D.

SCHOLIE.

44. On trouvera par un raiſonnement ſemblable $aq : aq - a \times \frac{NE \times dq}{dx} - \frac{a . NE \times p}{q} \times \frac{dq}{dz} :: aqdt : NE$, d'où l'on tire $\frac{NE - NO}{dt^2}$ (c'eſt-à-dire la force qui doit être détruite en N ſuivant NO) $= (- Aq - Bp)\, a^2$.

Il eſt bon d'obſerver que les lignes FN, Nm ſont toujours dans un plan qui paſſe par l'Axe du corps, quand le corps eſt un ſolide de révolution. Dans les

Propositions suivantes, nous ne considérons que de pareils solides engendrés par la révolution de la figure *ADC* (Fig. 13) autour de l'Axe *AC*, & nous n'aurons égard qu'à une seule Section *ADC* par l'Axe, parce que le calcul doit être le même pour toutes les autres.

PROPOS. VIII. THEOREME.

45. *Les mêmes choses étant posées que dans l'*art. 43, *je dis que* $B' = -A - \frac{p}{2}$ *&* $A' = B$.

Soit *KQM'* (Fig. 17) la Courbe que décrivent les particules du Fluide infiniment proches de la surface *AMN*, & soient menées les ordonnées infiniment proches *PNM'*, *pnm'*; *NR* perpendiculaire à *pm'*, & *NQ* à *AN* ou *QM'm'*; il est évident

1°. Que la vitesse du Fluide en *N* suivant *Nm*, est en raison renversée de la surface conique décrite par la révolution de *NQ* autour de *FP*. Donc la vitesse en *N* est comme $\frac{1}{NQ \times PN}$. Donc si on appelle *U* la vitesse suivant *Nm*, & qu'on fasse $PN = z$ ou y, (*) on aura $NQ = \frac{a^2 \alpha}{Uz}$, *a* étant la vitesse en *g*, & *α* une constante, pour garder la loi des homogenes.

(*) Le point *N* peut être regardé, ou comme étant sur la surface du corps, ou comme appartenant en général à une ligne

2°. Maintenant, la vitesse U suivant Nm est composée de la vitesse suivant NR que j'appelle aq, & de la vitesse paralléle à Rm, que je nomme ap; de sorte que $U : qa :: Nm : NR$; or à cause des triangles semblables QNM', NRm, on a $Nm : NR :: NM' : NQ$; donc $U \times NQ = aq \times NM'$. Donc puisque $NQ = \frac{a^2 a}{Uz}$, il s'ensuit que $NM' = \frac{a^2}{qz}$.

3°. Soient p & q des fonctions de AP (x) & PN (y), ou en général des fonctions de $AP = x$, & $PM' = z$, c'est-à-dire, soit en général la vitesse d'une particule quelconque, proportionnelle à une fonction des distances de cette particule aux lignes AV & AP il est visible que la vitesse en N suivant NR étant $= aq$ la vitesse en M' suivant $M'r$ sera $= aq + a . NM' \frac{dq}{dz} = aq + \frac{a^2 a}{qz} \times \frac{dq}{dz}$. Par la même raison la vitesse en M' paralléle à rm' sera $ap + \frac{a^2 a}{qz} \times \frac{dp}{dz}$: outre cel

---

Courbe quelconque FN, contiguë au corps ou non, mais décrite par les particules du Fluide. L'ordonnée PN de cette Courbe est en général appellée z, & lorsqu'elle devient l'ordonnée même du corps, & que par conséquent la Courbe coincide avec la surface du corps, je la nomme y. Dans cet article & les suivants, la Courbe FN n'est point regardée comme contiguë à la surface du corps, mais éloignée du corps à telle distance qu'on voudra. C'est pour ne point multiplier les figures, que nous la regardons comme contiguë au corps dans la Figure 17.

NM' étant $= \frac{\alpha^2}{qz}$, on aura $mm' = \frac{\alpha^2}{qz} + \alpha^2 \times Pp \times d\left(\frac{\frac{1}{qz}}{dx}\right) + Rm \times \alpha^2 \times d\left(\frac{\frac{1}{qz}}{dz}\right) = \frac{\alpha^2}{qz} + \alpha^2 \times dx \times d\left(\frac{\frac{1}{qz}}{dx}\right) + \alpha^2 dz \times d\left(\frac{\frac{1}{qz}}{dz}\right)$: donc rm' ou $Rm + mm' - Rr = dz + \alpha^2 dx \times d\left(\frac{\frac{1}{qz}}{dx}\right) + \alpha^2 dz \times d\left(\frac{\frac{1}{qz}}{dz}\right)$: or la vitesse suivant $M'r$ est à la vitesse en M' parallèle à rm', comme $M'r$ à rm'.

Donc on aura l'équation suivante ; $\frac{aq + \frac{\alpha^2 a}{qz} \times \frac{dq}{dz}}{ap + \frac{\alpha^2 a}{qz} \cdot \frac{dp}{dz}} = \frac{dx}{dz + \alpha^2 dx \cdot d\left(\frac{\frac{1}{qz}}{dx}\right) + \alpha^2 dz \times d\left(\frac{\frac{1}{qz}}{dz}\right)}$: or $\frac{dx}{dz} = \frac{q}{p}$, puisque la vitesse en N parallèle à dx est $= aq$, & parallèle à dz est $= ap$. Donc on aura (en négligeant les quantités où α^4 se rencontre, & en divisant les autres par $\alpha^2 a$) l'équation suivante $\frac{1}{pqz} \times \frac{dq}{dz} - \frac{1}{ppz} \times \frac{dp}{dz} = - d\left(\frac{\frac{1}{qz}}{dx}\right) \times \frac{q^2}{p^2} - \frac{q}{p} \times d\left(\frac{\frac{1}{qz}}{dz}\right)$: donc $\frac{pdq - qdp}{xppqdz} = \frac{qz^2dq}{xzqqppdx} + \frac{zqdq}{z^2pqqdz} + \frac{qq}{pxzqq}$: donc $-\frac{dp}{dz} = \frac{dq}{dx} + \frac{p}{x}$:

dont si on fait $dy = Adx + Bdz$ & $dp = A'dx + B'dz$, on aura $B' = -A - \frac{p}{z}$.

30. Maintenant, soit T un point quelconque au-dessus de γ : le Fluide contenu dans le Canal $TNM't$ & animé par les forces $\frac{u''}{dt}$, doit être en équilibre, (*art.* 1) c'est-à-dire que la pression du Canal NM' suivant NM' jointe à la force du Canal $TFMN$ suivant FMN, doit être égale à la force du Canal KQM' ; car dans le Canal Tt il n'y a aucune pression, puisque la vitesse en T, t, est uniforme & rectiligne. Or la pression en M qui vient du Canal $TFMN$, est (*art.* 27) $\frac{aa - UU}{2}$, & la pression en M' venant du Canal $tKQM'$, est par la même raison $\frac{aa}{2} - \frac{U'U'}{2}$ (en nommant U' la vitesse en M' suivant Mm'). Donc $\frac{U'U' - UU}{2}$ = la pression du Canal NM' suivant NM'. Mais $UU = (pp + qq)\, aa$, & $U'U' = (p'p' + q'q') \times aa = (pp + qq)\, aa + aa \times NM' \times \frac{d(pp + qq)}{dz} = (pp + qq)\, aa + \frac{\alpha^2 a^2}{qz} \times \frac{d(pp + qq)}{dz}$. Donc $\frac{U'U' - UU}{2} = -\left(\frac{pdp}{dz} + \frac{qdq}{dz}\right) \times \frac{\alpha^2 \alpha^2}{qz} = \frac{\alpha^2 a^2}{z} \times \left(-\frac{B'p}{q} - B\right)$. Or la force du Canal NM' suivant NM' est (*art.* 43) $NM' \times p \times \left(-B' - \frac{Aq'}{pz}\right) = \frac{\alpha^2 a}{qz} \times$

$p \times (-B' - \frac{A'q}{p})$: on aura donc $\frac{a^2 a}{z} \times (-\frac{B'p}{q} - B) = \frac{a^2 ap}{qz} \times (-B' - \frac{A'q}{p})$: donc $B = A'$. Ce Q. F. D.

De-là résulte ce Theorême.

Soit qa la viteſſe des particules du Fluide parallélement à AP, ap leur viteſſe paralléle à AV, & ſoit $dq = Adx + Bdz$, A & B étant des fonctions de x & de z, on aura $dp = Bdx - Adz - \frac{pdz}{z}$. ou $d(pz)$ $zBdx - Azdz$.

COROLLAIRE I.

46. Donc $Adx + Bdz$ & $zBdx - Azdz$ doivent être des différentielles complettes. Nous ferons voir dans la ſuite comment on peut déterminer A & B, ou, ce qui revient au même, q & p par ces conditions.

COROLL. II.

47. Je n'ai pas beſoin d'avertir que la même loi qu'obſervent les quantités p & q n'a pas moins lieu pour la partie ſupérieure FM & les Courbes adjacentes, que pour la partie MD appliquée ſur la ſurface du corps, & les Courbes voiſines. Il faut ſeulement obſerver que comme les Courbes FM, MD n'appartiennent pas à la même équation, les valeurs de p & q dans la Courbe FM ſeront déterminées par une équa-

tion autre que dans la Courbe MD, quoique dans l'une & dans l'autre on doive avoir $dq = Adx + Bdz$ & $d(pz) = zBdx - zAdz$.

Autre démonstration de la Propos. VIII.

48. Les équations $dq = Adx + Bdz$ & $dp = Bdx - Adz - \frac{pdz}{z}$, peuvent être encore trouvées par une autre méthode un peu plus générale que la précédente. J'exposerai ici cette méthode d'autant plus volontiers, qu'elle nous sera fort utile dans la suite de ces recherches, pour déterminer la résistance qu'un Fluide en repos fait à un corps qui s'y meut.

Soient d'abord N, C, D, B (Fig. 18) quatre particules de Fluide, infiniment proches l'une de l'autre, distantes comme on voudra du corps, & placées de maniére que $NCDB$ soit un parallélogramme rectangle; N', C', D', B', quatre autres particules du Fluide, formant un rectangle, ensorte que l'Axe AP soit la commune Section des deux plans $NCBD$, $N'C'B'D'$, & NN', BB' des Arcs infiniment petits décrits du centre P.

Maintenant, imaginons que les particules N, C, D, B, parviennent (Figure 19) en n, c, d, b, je dis que $ncdb$ peut être prise sans erreur pour un parallélogramme rectangle. Car ayant mené Mnb', $b'bd'$, nc, Gco, soit formé le parallélogramme rectangle $nb'd'c$; il il eſt évident que les triangles $nc'c$, bdo ſont infiniment petits du troiſiéme ordre (puiſque la ligne nc' eſt infiniment petite du premier, & que la différence des lignes Gc, Mn, eſt infiniment petite du ſecond ordre) : donc la différence des triangles $nc'c$, $bd'o$ eſt infiniment petite du quatriéme ordre. Il en faut dire autant de la différence des triangles $nb'b$, cod; donc l'aire de la Figure $nbdc$ peut être cenſée égale à celle de la Figure $nb'd'c'$. Donc le petit parallélepipede dont les baſes (Fig. 18) ſont $NN'B'B$, $CC'D'D$, ſera changé l'inſtant ſuivant, ou du moins pourra être cenſé changé dans un autre.

Maintenant ayant fait (Figure 19) $NM = aqdt$; $NC = \alpha$, $NB = \epsilon$, on aura $CG = aqdt + \alpha dt \times \frac{adq}{dx}$; & nc' ou $nc = NC + CG - NM = \alpha + aqdt + \alpha dt \cdot \frac{adq}{dx} - aqdt = \alpha + \alpha dt \cdot \frac{adq}{dx}$: par le même raiſonnement on trouvera $nb' = \epsilon + \epsilon dt \cdot \frac{adp}{dz}$, & ſi on fait (Figure 18) $NN' = k$, alors il eſt évident que N venant en n, la quantité k deviendra $k\left(\frac{PN + Mn}{PN}\right) = k + \frac{kapdt}{z}$: or comme les particules N, C, D, B, N', C', D', B', viennent (Fig. 19) en n, c, d, b, n', c', d', b', &c. il faut que la portion de Fluide infiniment petite renfermée dans le premier parallélepipede, ſoit égale à celle qui remplira le ſecond parallélepipede. Donc $nc' \times nb' \times (k + \frac{kapdt}{z}) = NC \times NB \times Nn$: donc $\alpha\beta k + k\beta\alpha dt \times \frac{adp}{dz} + k\beta\alpha dt \times \frac{adq}{dx} + \frac{k\beta\alpha p dt}{z} = \alpha\beta k$. Donc $\frac{dp}{dz} + \frac{dq}{dx} + \frac{p}{z} = 0$: donc $B' = -A - \frac{p}{z}$, comme dans le *n.* 3. *art.* 45.

Maintenant, la force en n ſuivant nb eſt (*art.* 43) $a^2 p\ (-B' - \frac{A'q}{p})$; & la force en n ſuivant nc' ou $nc = a^2 q \times (-A - \frac{Bp}{q}) = a^2(-qA - Bp)$ (*art.* 44) : or ces forces devant ſe détruire (*art.* 1), on aura (*art.* 20) $\frac{d(qA + Bp)}{dz} a^2 = \frac{d(qA' + B'p)}{dx} a^2$; c'eſt-à-dire $\frac{qdA}{dz} + \frac{Adq}{dz} + \frac{Bdp}{dz} + \frac{pdB}{dz} = \frac{qdA'}{dx} + \frac{A'dq}{dx} + \frac{B'dp}{dx} + \frac{pdB'}{dx}$: je dis maintenant que cette équation aura lieu, ſi $A' = B$, & $B' = -A - \frac{p}{z}$. Car $Adx + Bdz$, & $A'dx + B'dz$ étant des différentielles complettes, on aura $\frac{dA}{dz} = \frac{dB}{dx} = \frac{dA'}{dx}$; & $\frac{dB'}{dx} = \frac{dA'}{dz}$ ou $\frac{dB}{dz}$: donc $\frac{qdA}{dz} + \frac{pdB}{dz} = \frac{qdA'}{dx} + \frac{pdB'}{dx}$; enfin $\frac{Adq}{dz} + \frac{Bdp}{dz} = AB - BA - \frac{Bp}{z}$, & $\frac{A'dq}{dx} + \frac{B'dp}{dx} = BA - AB - \frac{Bp}{z}$. Donc les deux quantités

$\frac{d(qA + Bp)}{dz}$, & $\frac{d(qA' + B'p)}{dx}$ ſont réellement égales. Donc &c.

SCHOLIE I.

49. Il eſt bon de remarquer que l'équation $\frac{d(qA + Bp)}{dz} = \frac{d(qA' + B'p)}{dx}$ n'auroit pas lieu, ſi au lieu de ſuppoſer $A' = B$, on ſuppoſoit $A' + \lambda = B$, λ étant une conſtante. Car alors $\frac{Adq}{dz} + \frac{Bdp}{dz}$ ſeroit $A \times (A' + \lambda) + (A' + \lambda) \times (-A - \frac{p}{z}) = (A' + \lambda) \times \frac{p}{z}$: & $\frac{A'dq}{dx} + \frac{B'dp}{dx}$ ſeroit $= A'A + A' \times (-A - \frac{p}{z}) = -\frac{Ap}{z}$. Donc on ne ſçauroit avoir $\frac{Adq}{dz} + \frac{Bdp}{dz} = \frac{A'dq}{dx} + \frac{B'dp}{dx}$, à moins que λ ne ſoit $= 0$.

SCHOLIE II.

50. Avant que d'aſſigner les valeurs de p & de q par les conditions qui ont été trouvées ci-deſſus, il eſt bon de connoître les valeurs de p & de q au premier inſtant. Cette recherche & les remarques dont nous l'accompagnerons, nous ſeront fort utiles pour déterminer la preſſion du Fluide; & nous allons faire voir que les valeurs de p & de q doivent avoir les mêmes

conditions dans le premier inſtant, que dans les ſuivants.

PROPOS. IX. PROBLÊME.

51. *Soit un corps* ADCE (Fig. 13) *plongé au milieu d'un Fluide ſtagnant* QGHq, *& fixement arrêté au milieu de ce Fluide. Imaginons enſuite que toutes les parties du Fluide reçoivent par une cauſe quelconque une viteſſe quelconque* u *parallèle à l'Axe* AC *du corps; on demande le changement que la rencontre du corps doit produire dans cette viteſſe des parties du Fluide & dans ſa direction.*

Il eſt viſible 1°. que les particules du Fluide contiguës à la ſurface *EAD* ne pouvant ſe mouvoir parallélement à *AC*, ſeront forcées de changer de direction, & qu'il en ſera de même des parties voiſines de celles-là, au moins juſqu'à une certaine diſtance du corps: 2°. qu'il doit néceſſairement y avoir à la partie antérieure du corps (*art.* 36) une portion de Fluide *FAM* qui ſera ſtagnante, & dont par conſéquent le mouvement ſera tout-à-coup anéanti: d'où l'on voit que les particules du Fluide au premier inſtant décriront des Courbes *FaMD*, *OKm* &c.

On prouvera, de plus, comme dans l'*art.* 39, que la viteſſe d'un point quelconque du Fluide ne dépend que de ſa poſition; on peut donc ſuppoſer dans les parties du Fluide une viteſſe parallèle à *AC* & $= Uq$, & une autre perpendiculaire à *AC* & $= Up$, *U* étant dans un rapport donné avec *u*; deſorte qu'au lieu de

Uq; on peut écrire uq, & up au lieu de Up; q & p étant des fonctions de x & de z. Il faut donc (*art.* 1) que les parties du Fluide animées par les vitesses de tendance u, & $-up$, $-uq$, soient en équilibre. Or la vitesse u étant la même dans toutes, elles seroient déja en équilibre en vertu de la seule vitesse de tendance u. Donc elles doivent être en équilibre en vertu des seules vitesses $-up$, $-uq$. Si donc on fait $dq = Adx + Bdz$ & $dp = A'dx + B'dz$, on trouvera d'abord comme dans l'*art.* 45 $B' = -A - \frac{p}{z}$: maintenant comme le Canal $NM'm'm$ (Fig. 17) doit être en équilibre, il faut que la pression du Canal $m'm$ suivant $m'm$ jointe à la pression du Canal mN suivant mN, soit égale à celle du Canal $m'M'$ + celle du Canal $M'N$, c'est-à-dire que la pression du Canal $m'm$ moins celle du Canal $M'N$, soit égale à la pression du Canal $m'M'$ moins celle du Canal mN. Or faisant $Tt = \varepsilon$, on a $NM' = \frac{\varepsilon'^2}{qz}$ & $mm' = \frac{\varepsilon^2}{q'z}$, desorte que les pressions des petits Canaux $m'm$ & $M'N$ sont $\frac{\varepsilon'^2}{q'z} \times p'$ & $\frac{\varepsilon'^2}{qz} \times p$; & leur différence sera $= \varepsilon^2 d\left(\frac{p}{qz}\right) = \varepsilon^2 qz \left(\frac{A'dx - Adz}{qqzz} - \frac{pdz}{z \cdot q^2 z^2}\right) - \varepsilon^2 p \times \left(\frac{zAdx + zBdz}{qqzz} + \frac{dz}{qzz}\right)$, c'est-à-dire (en mettant pour dz sa valeur $\frac{pdx}{q}$) $\varepsilon dx \left(\frac{A'}{qz} - \frac{2pA}{qqz} - \frac{2pp}{qqzz} - \frac{p^2 B}{q^3 z}\right)$.

Maintenant, la pression de $m'M'$ moins celle de mN, doit être égale (*art.* 15) à la pression de $m'rM'$ moins celle de mRN, c'est-à-dire à la pression de rM' moins celle de RN, & à la pression de $m'r$ moins celle de mR. Or la pression de rM' moins celle de $RN =$ $NR \times \frac{dq}{dz} \times NM' = \frac{\zeta^2}{qz} \times B\,dx$; & la pression de $m'r$ moins celle de $mR = p'dz' - pdz = \frac{dx}{dz}\, d(\frac{p^2}{q}) \times$ $\frac{\zeta^2}{qz} = 2p \times - \frac{A\,dx\,.\,\zeta^2}{qqz} - \frac{2p^2\zeta^2\,dx}{qqzz} - \frac{p^2\,dx\,.\,B}{q^2} \times \frac{\zeta^2}{qz}$; on aura donc $dx\,(\frac{A'}{qz} - \frac{2pA}{qqzz} - \frac{2pp}{qqzz} - \frac{p^2B}{q^3z}) =$ $\frac{B\,dx}{qz} - \frac{2pA\,dx}{qqz} - \frac{p^2B\,dx}{q^3z} - \frac{2pp\,dx}{qqzz}$, d'où l'on tire $A' = B$ comme dans l'*article* 45.

Delà on voit que les quantités p & q se trouvent au premier instant par les mêmes équations que dans les instans suivants. Mais avant que de les déterminer, il nous reste encore des remarques essentielles à faire.

REMARQUE I.

52. La vitesse des particules depuis F jusqu'en M dans le filet de Fluide FaM (Fig. 15) doit être extrêmement petite. Car soit V la vitesse de la particule b suivant bn, & soit imaginé, comme dans l'*art.* 36, le Canal rectiligne infiniment petit $mqnb$; il est visi-

ble que toutes les particules qui composent ce Canal étant supposées animées de la vitesse *u* parallele à *FA*, &. la particule *nb* de la vitesse *V* suivant *nb*, doivent être en équilibre. Or les particules du Canal sont évidemment en équilibre étant supposées animées par la vitesse *u* qui est la même dans toutes. Donc pour que l'équilibre ne soit point troublé par la vitesse *V* suivant *bn*, cette vitesse doit être nulle, ou au moins si petite, qu'elle puisse être regardée comme nulle.

Voilà la démonstration rigoureuse de cette proposition ; & on peut encore se convaincre de sa vérité par la réflexion suivante. Dans le premier instant du mouvement, toutes les particules reçoivent une vitesse *u* égale & parallele à *AC*, & cette vitesse est subitement & totalement détruite dans les particules qui remplissent l'espace *FAM*. Or il seroit choquant, que tandis que les particules contenues dans l'espace *FAM* s'arrêtent tout d'un coup, les particules qui sont sur la Courbe *FaM*, & qui font la limite de cet espace, eussent une autre vitesse qu'infiniment petite, puisque rien ne se fait par *saults* dans la nature, mais par degrés insensibles, & que si la vitesse *u* devient zero dans une particule quelconque, la vitesse de la particule voisine ne peut être qu'infiniment petite. Donc tout concourt à nous assurer que la vitesse est très-petite dans la Courbe *FaM*.

REMARQUE II.

53. Comme les Courbes *FaM*, *MDL* (Fig. 13) ſont de différente nature, les valeurs de *p* & de *q* ſeront différentes pour ces deux Courbes, de maniére pourtant que ces valeurs deviennent les mêmes au point *M*. Au reſte, nous n'aurons pas beſoin de connoître la Courbe *FaM*; mais il eſt néceſſaire d'obſerver que les valeurs de *p* & de *q* ſont les mêmes pour le premier inſtant & pour les ſuivans.

Delà & de l'*article* 45, il s'enſuit que dès le premier inſtant de l'impulſion, le Fluide commence à décrire les Courbes *FaMD*, (Fig. 13) *Km*, *Sn*, &c, & que dans les inſtans ſuivans il continue à les décrire ſans qu'il arrive aucun changement dans ſa direction ni dans ſa viteſſe. Donc non-ſeulement dans le premier inſtant, mais dans les ſuivans, la viteſſe le long de la Courbe *FaM* eſt très-petite, ou doit être cenſée telle. C'eſt ce que nous avions promis de prouver dans l'*article* 36 *n°*. 5.

SECTION II.

De la preſſion du Fluide au premier inſtant de l'impulſion.

54. Cette recherche eſt abſolument néceſſaire, comme nous le verrons plus bas, pour la détermination des quantités *p* & *q*.

Nous avons vu que les forces détruites au premier inſtant dans chaque particule ſont *u*, & $-uq$, $-up$;

or la pression qui résulte de la vitesse u commune à toutes les particules & paralléle à AC, sera $\mu\delta u$, (*art.* 13) en nommant μ la masse du corps & δ la densité du Fluide, & cette pression sera suivant CA. Maintenant pour avoir la pression qui vient des vitesses $-uq$, $-up$, ou, ce qui revient au même, de la vitesse $+u\sqrt{[pp+qq]}$ suivant LDM, soit $PM=A$, $IL=b$; on verra (*art.* 26) 1°. que cette pression est $=$ à l'intégrale de $u\delta\int 2\pi y\,dy\int ds\sqrt{[pp+qq]}$ prise de maniére qu'elle soit $=0$ quand $y=b$, & qu'elle finisse au point M ou $y=A$. 2°. Qu'il faudra en retrancher la pression suivant AC exprimée par la quantité $\pi AA(\int ds\sqrt{pp+qq})u\delta$. Cela posé, on remarquera d'abord que $\int ds\sqrt{pp+qq}=\int p\,dy+q\,dx$, parce que $ds=\frac{p\,dy+q\,dx}{\sqrt{[pp+qq]}}$. Soit de plus $\int 2\pi y\,dy$ $(\int p\,dy+q\,dx)=\Omega$ lorsque $y=b$, l'intégrale étant prise de maniére qu'elle soit $=0$ lorsque $y=A$; enfin, supposons encore que $\int p\,dy+q\,dx=\Gamma$ lorsque $y=b$. Soit prise maintenant l'intégrale $\int p\,dy+q\,dx$, de maniére qu'elle soit $=0$ lorsque $y=b$, & l'intégrale $\int 2\pi y\,dy\int p\,dy+q\,dx$, de maniére qu'elle soit aussi $=0$, lorsque $y=b$: je dis que cette intégrale sera $\pi\Gamma AA-\pi bb\Gamma+\Omega$ lorsque $y=A$. Pour le démontrer, exprimons par $\int p\,dy'+q\,dx'$ l'intégrale de $p\,dy+q\,dx$ prise de maniére qu'elle soit $=0$ lorsque $y=b$, & par $\int p\,dy+q\,dx$ l'intégrale de $p\,dy+q\,dx$ prise de maniére qu'elle soit $=0$ lorsque $y=A$; on aura $\int p\,dy' + q\,dx' = \Gamma - \int p\,dy + q\,dx$: exprimons aussi par $\int 2\pi y\,dy'$ l'intégrale de $2\pi y\,dy$, prise de maniére qu'elle soit $= 0$ quand $y = b$, & l'on aura $\int 2\pi y\,dy' (\int p\,dy' + q\,dx') = \int 2\pi y\,dy' (\Gamma - \int p\,dy + q\,dx)$: or 1°. l'intégrale de $2\pi\Gamma y\,dy'$ lorsque $y = A$, est $\pi\Gamma AA - \pi\Gamma bb$. 2°. L'intégrale de $2\pi y\,dy' \int p\,dy + p\,dx$, prise de maniére qu'elle soit $= 0$ quand $y = b$, sera $= -\Omega$ lorsque $y = A$. Car cette intégrale est évidemment égale à $\int 2\pi y\,dy \int p\,dy + q\,dx$, prise négativement. Donc $-\int 2\pi y\,dy' \times \int p\,dy + q\,dx = +\Omega$.

Donc $\int 2\pi y\,dy' \int p\,dy' + q\,dx' = \pi\Gamma AA - \pi\Gamma bb + \Omega$. Donc la valeur de $u\delta \int 2\pi y\,dy \int ds\sqrt{[pp + qq]} = u\delta(\pi\Gamma AA - \pi\Gamma bb + \Omega)$.

Il faut retrancher de cette quantité $\pi AA \,.\, u\delta \int ds\sqrt{[pp + qq]}$ c'est-à-dire $\pi\Gamma AA$; enfin il lui faut ajouter $\mu\delta u$; donc la pression au premier instant sera $u\delta \times (\mu + \Omega - \pi\Gamma bb)$.

COROLLAIRE I.

55. On peut démontrer aisément par l'expérience, que $\mu + \Omega - \pi\Gamma bb$ est $= 0$. Car on peut trouver un poids capable par sa seule pesanteur, de tenir le corps *ADCE* en équilibre dès le premier instant de l'impulsion du Fluide, & d'empêcher que ce corps ne soit mis en mouvement par cette impulsion : or l'action d'un poids qui est en équilibre, équivaut à une masse finie animée d'une vitesse infiniment petite,

Donc la force avec laquelle ce poids sera en équilibre, sera aussi infiniment petite : donc la quantité $u\delta(\mu + \Omega - \pi \Gamma bb)$ doit être équivalente à une masse finie animée d'une vitesse infiniment petite, où à une masse infiniment petite animée d'une vitesse finie. Donc puisque la vitesse u est finie, il s'ensuit que $\mu + \Omega - \pi \Gamma bb$ doit être nécessairement infiniment petite ; c'est-à-dire = zero.

COROLL. II.

56. Supposons un corps en repos au milieu d'un Fluide stagnant, & qu'on imprime à toutes les parties du Fluide une même vitesse U parallèle à l'Axe du corps, nous avons vu que dès le premier instant les particules du Fluide doivent se mouvoir suivant des filets qui continueront d'être les mêmes, tant qu'il n'arrivera aucune nouvelle force, & qui seront toujours les mêmes, quelle que soit la vitesse imprimée U. Supposons présentement que dans un des instans suivans on imprime aux parties du Fluide une autre vitesse U', il est visible que cette nouvelle vitesse ne dérangera rien dans les filets, puisque si elle eut été seule, elle les eût fait décrire : seulement la vitesse en chaque point doit changer en raison de $U + U'$ à U.

Cette proposition nous sera fort utile dans la suite.

SECTION III.

Méthode pour déterminer la vitesse du Fluide en un point quelconque.

57. Pour résoudre cette question, il ne s'agit que de déterminer les quantités p & q par le moyen des conditions qui ont été trouvées ci-dessus (*art.* 45) : or pour résoudre plus facilement ce Problême, je commencerai par le résoudre dans l'hypothese suivante qui est plus simple, savoir que $dq = Mdx + Ndz$, & $dp = Ndx - Mdz$.

PROPOS. X. PROBLÊME.

58. *Soient* $Mdx + Ndz$ *&* $Ndx - Mdz$ *des différentielles complettes, on propose de trouver les quantités* M, *&* N.

Puisque $Mdx + Ndz$ est une différentielle complette, il s'ensuit que $Mdx + N\sqrt{-1}\,\frac{dz}{\sqrt{-1}}$ sera aussi une différentielle complette : de même puisque $Ndx - Mdz$ est une différentielle complette, $N\sqrt{-1}\,dx - Mdz\sqrt{-1}$, ou $N\sqrt{-1}\,dx + \frac{Mdz}{\sqrt{-1}}$ le sera aussi ; donc la somme & la différence de ces deux quantités seront l'une & l'autre des différentielles complettes. Donc $(M + N\sqrt{-1})\,(dx + \frac{dz}{\sqrt{-1}})$,

& $(M - N\sqrt{-1})\left(dx - \frac{dz}{\sqrt{-1}}\right)$ feront des différentielles complettes. Donc faisant $dx + \frac{dz}{\sqrt{-1}} = du$ ou $F + x + \frac{z}{\sqrt{-1}} = u$; $dx - \frac{dz}{\sqrt{-1}} = dt$ ou $G + x - \frac{z}{\sqrt{-1}} = t$; $M + N\sqrt{-1} = \alpha$, & $M - N\sqrt{-1} = \beta$, αdu & βdt feront des différentielles complettes. Donc α eſt une fonction de u, c'eſt-à-dire $M + N\sqrt{-1}$ une fonction de $F + x + \frac{z}{\sqrt{-1}}$, & β eſt une fonction de t, c'eſt-à-dire $M - N\sqrt{-1}$ une fonction de $G + x - \frac{z}{\sqrt{-1}}$: d'où l'on tirera la valeur de M & N.

COROLLAIRE I.

59. On peut encore trouver M & N par la méthode ſuivante qui eſt un peu plus ſimple. Puiſque $\frac{dp}{dz} = -\frac{dq}{dx}$ & $\frac{dp}{dx} = \frac{dq}{dz}$, donc $q\,dx + p\,dz$ & $p\,dx - q\,dz$ feront des différentielles complettes. Donc $q + p\sqrt{-1} =$ fonct. $F + x + \frac{z}{\sqrt{-1}}$, & $q - p\sqrt{-1} =$ fonct. $G + x - \frac{z}{\sqrt{-1}}$: donc $q = \frac{\text{fonct. } F + x + \frac{z}{\sqrt{-1}} + \text{fonct. } G + x - \frac{z}{\sqrt{-1}}}{2}$,

& $p = \frac{\text{fonct. } F + x + \frac{z}{\sqrt{-1}}}{2\sqrt{-1}} - \frac{\text{fonct. } G + x - \frac{z}{\sqrt{-1}}}{2\sqrt{-1}}$.

Donc si on veut que p & q soient des quantités réelles, il faut supposer $G = F$, & on aura $q = \xi\left(x + F + \frac{z}{\sqrt{-1}}\right) + \sqrt{-1}\,.\,\zeta\left(x + F + \frac{z}{\sqrt{-1}}\right) + \xi\left(x + F - \frac{z}{\sqrt{-1}}\right) - \sqrt{-1}\,.\,\zeta\left(x + F - \frac{z}{\sqrt{-1}}\right)$; $\xi\left(x + F - \frac{z}{\sqrt{-1}}\right)$ & $\zeta\left(x + F + \frac{z}{\sqrt{-1}}\right)$ désignant des fonctions quelconques de $x + F + \frac{z}{\sqrt{-1}}$ différentes si l'on veut l'une de l'autre, mais dans lesquelles il n'y ait point de constantes imaginaires : on aura de même $p = \frac{\xi\left(x + F + \frac{z}{\sqrt{-1}}\right)}{\sqrt{-1}} + \zeta\left(x + F + \frac{z}{\sqrt{-1}}\right) - \frac{\xi\left(x + F - \frac{z}{\sqrt{-1}}\right)}{\sqrt{-1}} + \xi\left(x + F - \frac{z}{\sqrt{-1}}\right)$. Il est évident que dans ces valeurs de p & q les quantités imaginaires se détruiront d'elles-mêmes.

COROLL. II.

69. Il faut remarquer que dans les expressions précédentes, la lettre F ne sert qu'à pouvoir placer l'origine où l'on voudra dans la ligne AP. Or comme par

la nature du Problême on peut placer cette origine à volonté, il s'ensuit qu'on peut supposer $F = 0$ en plaçant l'origine des x en quel point on voudra de la ligne AP : d'où les expressions de p & q deviennent plus simples.

On aura donc $p = \frac{\xi\left(x + \frac{z}{\sqrt{-1}}\right) + \zeta\left(x + \frac{z}{\sqrt{-1}}\right)}{\sqrt{-1}}$ $- \frac{\xi\left(x - \frac{z}{\sqrt{-1}}\right) + \zeta\left(x - \frac{z}{\sqrt{-1}}\right)}{\sqrt{-1}}$: donc si on suppose par exemple $\xi\left(x + \frac{z}{\sqrt{-1}}\right) = a\left(x + \frac{z}{\sqrt{-1}}\right)$ $+ b\left(x + \frac{z}{\sqrt{-1}}\right)^2 + c\left(x + \frac{z}{\sqrt{-1}}\right)^3$ & $\zeta\left(x + \frac{z}{\sqrt{-1}}\right)$ $= e\left(x + \frac{z}{\sqrt{-1}}\right) + f\left(x + \frac{z}{\sqrt{-1}}\right)^2 + g\left(x + \frac{z}{\sqrt{-1}}\right)^3$, on aura $p = -2az + 2ex - 4bxz + 2fxx - 2fzz - 6cxxz + 2cz^3 + 2gx^3 - 6gxzz$, & $q = 2ax - 2ez + 2bxx - 2bzz + 2fzz$: or de ces expressions, je déduis la méthode suivante pour déterminer p & q lorsque $dq = Adx + Bdt$, & $d(pz) = zBdx - zAdt$.

PROPOS. XI. PROBLÊME.

61. *Déterminer* A *&* B *par ces conditions, que* $Adx + Bdz$ *&* $zBdx - zAdz$, *soient l'une & l'autre des différentielles complettes.*

Soit $p = a'x + b'z + c'xx + e'xz + f'zz + g'x^3 + h'xxz + l'xzz + m'z^3$ &c. a', b', c', &c. étant des coefficiens indéterminés. Donc $pz = a'xz + b'zz + c'xxz + e'xzz + f'z^3 + g'x^3z + h'xxzz + l'xz^3 + m'z^4$ &c. Donc $d(pz) = dx\ (a'z + 2c'zx + e'zz + 3g'x^2z + 2h'zzx + l'z^3) + dz\ (a'x + 2b'z + c'xx + 2e'xz + 3f'z^2 + g'x^3 + 2h'xxz + 3l'xz^2 + 4m'z^3)$ &c. Donc à cause de $dq = -\frac{dxdpz}{zdz} + \frac{dzdpz}{zdx}$, on aura $dq = dz\ (a' + 2c'x + e'z - 3l'x^2 + 2h'zx + lz^2) + dx\ (-\frac{a'x}{z} - 2b' - \frac{c'xx}{z} - 2e'x - 3f'z - \frac{g'x^3}{z} - 2h'xx - 3l'xz - 4m'z^2)$: or pour que cette quantité soit une différentielle complette, il faut que $2c' + 6l'x + 2h'z = \frac{a'x}{zz} + \frac{c'xx}{zz} - 3f' + \frac{g'x^3}{zz} - 3l'x = 8m'z$: on a donc $a' = 0$, $g' = 0$, $c' = 0$, $f' = 0$, $l' = 0$, $4m' = -h$: donc $pz = b'zz + e'xz^2 + h'xxzz - \frac{b'z^4}{4}$, & $p = b'z + e'xz + h'xxz - \frac{h'z^3}{4}$, b', e', h' étant des coefficiens indéterminés.

Delà on voit assez la loi de la quantité p. Car on aura $p = b'z + e'xz + h'xxz + m'z^3 + n'xz^3 + k'x^3z + r'xxz^3 + s'x^4z$ &c. Equation dans laquelle on pourra déterminer la valeur de m' en h', de k' en n', de s' en r', &c. & il restera à déterminer par la nature de la Courbe *AMD* les indéterminées b', e', h', n', r' &c. *Ce Q. F. Tr.*

COROL. I.

COROLLAIRE I.

62. Pour déterminer maintenant les coefficiens b', e', h' &c. on remarquera qu'en mettant y pour z dans les valeurs de p & de q, on a $\frac{dy}{dx} = \frac{p}{q}$. On prendra donc ſur la Courbe *AMD* un certain nombre de points dans leſquels on connoîtra les valeurs de $\frac{dy}{dx}$, de y, & de x, & par-là on déterminera les coefficiens b', e', h', &c. préciſément de la même maniére qu'on trouve la quadrature d'une Courbe par approximation, en faiſant paſſer par un certain nombre de points de cette Courbe une ligne de genre parabolique.

REMARQUE.

63. Au reſte, après avoir fait le calcul de ces coefficiens, il en reſtera encore un dont on ignorera la valeur abſolue, valeur qui influera ſur celle de tous les autres ; ce qui eſt évident ; car qu'on multiplie le haut & le bas de la fraction $\frac{p}{q}$ par une quantité quelconque m, elle ne changera point de valeur. Il faut donc déterminer ce coefficient ; de plus, il faut trouver la poſition des points *M*, *L*, (Fig. 13) qui déterminent la longueur du filet de Fluide appliqué contre la Courbe ; ou, ce qui revient au même, il faut trouver les

abſciſſes qui répondent à ces points. Voilà donc trois inconnues nouvelles qu'il faut trouver pour l'entiere ſolution du Problême. Pour cela, on remarquera que la viteſſe en *M* & en *L* doit être très-petite, ou $= 0$ (*art.* 52); d'où l'on tire $a\sqrt{[pp+qq]} = 0$ en *M* & en *L*. Donc nommant *C* & *D* les abſciſſes des points *M* & *L*, & *A*, *b* leurs ordonnées qui ſont des fonctions connues de *C* & de *D*, il faut 1°. que $\sqrt{[pp+qq]} = 0$ ou $pp+qq=0$, en mettant dans *p* & dans *q*, *C* pour *x*, & *A* pour *y*. 2°. Que $pp+qq=0$, en mettant dans *p* & dans *q*, *D* pour *x*, & *b* pour *y*. 3°. Regardant *A* & *b* comme connues auſſi-bien que *C* & *D*, on aura les valeurs de Γ, & Ω, aſſignées ci-deſſus (*art.* 54); or ces valeurs doivent être telles que $\mu + \Omega - \pi\Gamma bb = 0$ (*art.* 55): donc cette équation avec les deux précédentes, ſervira à déterminer les trois inconnues qui nous reſtent.

COROLL. II.

64. Il eſt conſtant par tout ce qui précede, qu'il ſuffit de connoître la viteſſe du filet du Fluide qui eſt immédiatement contigu à la ſurface du corps. Soient donc ſuppoſées trouvées les quantités *p* & *q*, & ſoit miſe dans ces quantités *y* à la place de *z*; ſoit ſuppoſé de plus qu'après cette ſubſtitution on ait diviſé *p* par *q*, & que le quotient ſoit *n*; on aura $\frac{p}{q} = n$ ou $p = qn$,

& $pz = qnz$, z étant toujours la même que y. Donc si on fait $dn = \lambda dx + \omega dz$, on aura $d(pz) = nzAdx + qz\lambda dx + qndz + nzBdz + zq\omega dz$: or on a $d(pz) = zBdx - Azdz$: ces deux valeurs de $d(pz)$ sont égales & identiques : * car les quantités p & qn sont égales & identiques: donc $nzA + qz\lambda = zB$, & $qn + nzB + zq\omega = -zA$:

D'où l'on tire 1°. $A = -\frac{zq\omega + zqn\lambda + qn}{nnz + z}$.

2°. $B = \frac{-nzq\omega - nnzq\lambda - qnn}{nnz + z} + q\lambda = \frac{-nzq\omega - nnq + q\lambda z}{nnz + z}$.

Par conséquent $dq = \frac{-zq\omega dx - zqn\lambda dx - qndx}{nnz + z} + \frac{-nzq\omega dz - nnqdz + q\lambda zdz}{nnz + z}$: d'où à cause de $\lambda dx + \omega dz = dn$, on tire $\frac{dq}{q} = -\frac{ndn}{nn + 1} - \frac{ndx + nndz}{nnz + z} + \frac{\lambda dz - \omega dx}{nn + 1}$: or on a $\frac{dy}{dx}$ ou $\frac{dz}{dx} = n$. Donc $ndx = dz$, & $\lambda dz = n\lambda dx$: donc dans le filet AMD, on aura

* J'appelle quantités identiques, celles qui sont non-seulement égales, mais exprimées par les mêmes lettres : par exemple $\frac{aa - bb}{a + b} = a - b$ ou $(aa - bb) = (a + b) \times (a - b)$ est une équation identique : mais j'appelle simplement égales des quantités, qui quoique les mêmes, sont exprimées par des lettres différentes. Par exemple y & $\sqrt{[2ax - xx]}$ dans l'équation $y = \sqrt{[2ax - xx]}$.

$\frac{dq}{q} = \frac{-ndn}{nn+1} - \frac{dz}{z} + \frac{n\lambda dx - \omega dx}{nn+1}$: or $n\lambda dx - \omega dx =$ $ndn - n\omega dz - \frac{\omega dz}{n} = ndn - \omega dz\,(\frac{nn+1}{n}) = ndn -$ $\omega dx \times (nn+1)$. Donc $\frac{dq}{q} = \frac{-dz}{z} - \omega dx$.

COROLL. III.

65. Il paroît d'abord que rien n'est plus facile que de déterminer q par l'équation trouvée dans l'*art. précédent*, puisque ω est donnée par n, & que n est donnée par l'équation de la Courbe $\frac{dy}{dx} = n$. Mais pour peu qu'on y fasse d'attention, on verra que quoique l'équation de la Courbe ou la valeur de $\frac{dy}{dx}$ soit donnée, n n'est pas donnée pour cela. En effet, n doit être $= \frac{p}{q}$: or on peut exprimer le rapport $\frac{dy}{dx}$ d'une infinité de maniéres différentes ; & parmi ces différentes expressions, qui ne sont pas identiques, quoiqu'égales, il faut trouver celle qui est égale à $\frac{p}{q}$, dq étant $Adx + Bdz$ & $d(pz)$ étant $zBdx - Azdz$: par exemple, dans le Cercle on a $\frac{dy}{dx} = \frac{a-x}{y}$ ou $\frac{ay - xy}{2ax - xx}$, ou $\frac{a\sqrt{[2ax - xx]} - xy}{yy}$: or on ne peut pas prendre

volonté une de ces valeurs pour l'expreſſion de *n*;
l faut de plus que l'équation $p = qn$ ſoit identique.

Pour faire voir encore plus clairement qu'on ne peut
as prendre *n* à volonté ; on obſervera que de l'équa-
ion $\frac{dq}{q} = -\frac{dz}{z} - \omega dx$, on tire $\frac{dq}{q} = -\frac{dz}{z} - \frac{\omega dz}{n}$,

$\frac{dq}{q} = -\frac{dz}{z} - \frac{dn}{n} + \frac{\lambda dx}{n}$; équations deſquelles il

loit réſulter préciſément la même valeur de *q*. Or ſi *n*
ouvoit être priſe à volonté, ſoit priſe *n* telle dans la
remiere équation que *n* ſoit une fonction de *z* ſeule ;
n aura $-\frac{\omega dz}{n} = -\frac{dn}{n}$ & $\frac{dq}{q} = -\frac{dz}{z} - \frac{dn}{n}$ ou $q = \frac{c}{nz}$,

deſignant une conſtante. Maintenant, ſoit *n* égale
une fonction de *x* ſeule dans l'autre équation, on

ura $\frac{\lambda dx}{n} = \frac{dn}{n}$ & $\frac{dq}{q} = -\frac{dz}{z}$, ou $q = \frac{c}{z}$, équation

ort différente de $q = \frac{c}{nz}$. Donc &c.

Dans l'*art.* 64, nous avons trouvé $nA + q\lambda = B$,
$qn + nzB + zq\omega = -zA$ en regardant l'équa-
ion $p = qn$ comme identique. Soit maintenant en général *n'* la valeur de $\frac{dy}{dx}$; enſorte que l'équation $p =$

qn' ne ſoit pas identique ; & ſoit $dn' = \lambda' dx + \omega' dz$,
on aura $n'zA dx + q\lambda' z dx + qn' dz + n'zB dz +$
$zq\omega' dz = Bz dx - Az dz$; donc (à cauſe de $dz =$
$n' dx$) on trouvera $n'zA + q\lambda' z + qn'n' + n'n'zB +$

$zq\omega'n' = Bz - An'z$. On aura donc par cette équation la valeur de A en B, lorsque $z = y$. Mais comme l'inconnue B reste toujours à déterminer, cette méthode n'est peut-être pas d'une grande utilité.

SECTION IV.

De la pression du Fluide à chaque instant.

66. Supposons que par les équations de condition $Adx + Bdz = dq$, & $d(pz) = zBdx - zAdz$, on ait trouvé les fonctions q & p, comme nous l'avons enseigné. Qu'on mette ensuite dans ces fonctions y à la place de z, on aura la vitesse en $N = a \times \sqrt{[pp + qq]}$: d'où la pression en $N = (art.\ 27)\ \frac{a^2}{2} \times 1 - (pp - qq)$: ainsi comme les quantités p & q ne dépendent que de la figure du corps, il est évident que la pression dans le point N est proportionnelle au quarré a^2 de la vitesse, & que par conséquent la pression sur toute la surface est proportionnelle à ce même quarré.

Au reste, pour que cette expression soit exacte, il faut supposer que $pp + qq$ est par-tout plus petit que 1, c'est-à-dire que la vitesse le long du filet MDL (Fig. 13) est par-tout plus petite que a, ou du moins n'est pas plus grande. Car si après avoir déterminé p & q par le calcul on trouvoit que $\sqrt{[pp + qq]}$ fût > 1 en certains points, il faudroit d'abord chercher le point où la valeur de $\sqrt{[pp + qq]}$ seroit un *maximum*, ce qui se feroit en supposant $pdp + qdq = 0$. Ensuite nommant K la valeur de $\sqrt{[pp + qq]}$ en ce point, on auroit (*article* 27) $\frac{a^2}{2}(K^2 - pp - qq)$ pour la pression en N.

REMARQUE.

67. Quelques lecteurs s'imagineront peut-être, que la vitesse le long du filet MDL doit être plus grande que a; ils peuvent même se fonder en cela sur l'expérience journaliere, par laquelle il paroît constant que le Fluide s'accélere en tournant autour du corps. Cependant si on trouvoit par le calcul $\sqrt{[pp + qq]} < 1$, il ne faudroit pas se hâter d'en conclure que notre Theorie fût contraire à l'expérience. Car il ne s'agit dans cette Théorie que du filet qui touche immédiatement la surface du corps; or ce filet échappe à l'observation, & il peut se faire que des filets qui sont très-peu éloignés de lui, ayent beaucoup plus de vitesse que lui.

COROLL. I.

68. Soit $K^2 > 1$; pour avoir la pression totale, il faudra d'abord intégrer $2\pi y dy (K^2 - pp - qq)\frac{a^2}{2}$; (*art.* 26): de plus, la pression en M étant $\frac{a^2}{2} \times K^2$,

aussi-bièn qu'en L, puisque la vitesse en M & en L est $= 0$, ou censée telle ; il s'ensuit que la partie AM sera pressée (*art.* 24) suivant AC avec une force $= \frac{a^2}{2} K^2 \times \pi AA$, & la partie LC en sens contraire avec une force $= \frac{a^2 K^2}{2} \times \pi bb$. Donc il faudra ajouter à la pression la quantité $\frac{a^2 K^2}{2} (\pi AA - \pi bb)$.

Mais si la vitesse le long de la Courbe AMD étoit trouvée plus petite que a, c'est-à-dire si $\sqrt{[pp + qq]}$ étoit par-tout plus petit que 1, alors au lieu de $K^2 - pp - qq$, il faut $1 - pp - qq$; & au lieu de $a^2 K^2 (\pi AA - \pi bb)$ il faut $a^2 (\pi AA - \pi bb)$. Car la pression en F seroit alors $\frac{a^2}{2}$; & cette pression agiroit sur l'Arc AM par le Canal $TFAM$, & la pression en L seroit aussi $\frac{a^2}{2}$, parce que la vitesse en L est $= 0$, desorte que cette pression agiroit sur l'Arc LC. Donc &c.

J'appelle en général dans tous ces cas $a^2 \varphi$ la quantité qu'on trouve par le calcul pour la pression totale, & qui est proportionnelle comme on voit à a^2 : car φ sera toujours la même quelle que soit a, puisque la position des points L, M, & les valeurs de p & de q ne dépendent point de a.

COROL. II.

COROLL. II.

Soit la plus grande ordonnée $KD =$

$\pi y dy . \frac{K^2 a^2}{2} = \frac{K^2 a^2}{2} (\gamma^2 - A^2)$.

). Donc la pression totale se réduira

cas à $\int - 2 \pi y dy (pp + qq) \frac{a^2}{2}$,]

$\pi y dy + K^2 A^2 - K^2 b^2 = 0$. On tr

e, que dans le second cas la pression

a à $\int - 2 \pi y dy (pp + qq) \frac{a^2}{2}$.

en général, si après avoir déterminé

it être une fonction de y & de x, tell
— x = u, & en prenant successive
& négative, u soit la même, mais d
nes. Donc cette fonction doit être tell
ucun terme qui ne renferme quelque p
de u ou $h - x$. Donc dans la différ
ωdz, ω sera négative, quand $h - x$ ser
ais elle conservera toujours d'ailleurs l
Donc dans les points V, u la valeur d
e, mais de différens signes; d'où l'on p
aisément que la valeur de $\int \omega dx$ sera l
s points, & de même signe. Donc à c

on $+ \frac{dq}{} - - \frac{dy}{} + \omega dx$, il s'ensuit

'y a perſonne qui, au premier coup d'œil, n'eût jugé ue les Arcs *DL*, *MD* ſont toujours égaux entr'eux, orſque le Corps eſt compoſé de 4 parties ſembla-les & égales, & même ſi on s'en tenoit à la Théo-ie ſeule, on ſeroit porté à croire, ce me ſemble, que es Arcs doivent être égaux en effet. D'où l'on voit ombien les expériences ſont néceſſaires dans la queſ-ion préſente.

De plus, il eſt viſible qu'afin que la preſſion ſoit lirigée ſuivant *AC*, comme l'expérience l'apprend, l faut que $LD > DM$; autrement $\int - 2\pi y dy \times$ $pp + qq$) ſeroit négative.

REMARQUE I.

71. Si on imagine (Figure 20) la ligne droite *RT** ui ſépare les parties du Fluide dont la viteſſe & la lirection ne ſont point changées, de celle dont la vi-eſſe & la direction ſont changées ; on peut, ce me emble, prouver par une expérience commune & fort ſimple, que la ligne *RT* eſt aſſez près du corps. Soit expoſé un pendule au courant d'un Fluide, deſorte qu'il ſoit d'abord également éloigné des parois du Canal où le Fluide coule : l'action du Fluide écartera ce pendule de la ſituation verticale, & le pendule s'élè-vera dans un plan vertical paſſant par la direction

* Il eſt évident que *RT* doit être une ligne droite, puiſque les parties qui ſont à la droite de cette ligne doivent avoir (*hyp.*) un mouvement rectiligne.

du courant du Fluide ; ensuite soit de nouveau exposé ce même pendule au même courant, mais de maniére qu'il soit beaucoup plus près d'un des parois que de l'autre, il paroîtra s'élever à la même hauteur que dans le premier cas, & dans un plan vertical passant aussi par la direction du courant. Donc, soit que le corps soit placé au milieu du Canal, soit qu'il se trouve beaucoup plus proche d'un des parois que de l'autre, la pression sur les parties *AMD*, *Amd* (Fig. 20) sera égale dans les deux cas, & par conséquent aussi la vitesse dans les parties *AMD*, *Amd*: d'où il résulte que les parties du Fluide assez voisines du corps, sont les seules dont le mouvement soit changé sensiblement par la rencontre du corps.

REMARQUE II.

72. On peut prouver la même proposition par le moyen d'un corps qui monte dans un vase plein d'eau; car ce corps monte toujours verticalement avec la même vitesse en quelque endroit du vase qu'on le place, & quelque près des parois qu'il se trouve. D'où il s'ensuit qu'il ne communique de mouvement qu'aux parties du Fluide qui sont assez voisines de lui. Enfin on peut encore observer, que quelle que soit la vitesse du Fluide, la ligne *RT* (Figure 20) doit toujours (*art.* 39) être à la même distance du corps. Or l'expérience prouve que quand la vitesse est fort petite,

le mouvement & la direction des parties du Fluide n'eſt altéré que jusqu'à une aſſez petite diſtance du corps. Donc en ce cas la ligne RT eſt aſſez proche du corps. Donc en général, elle eſt aſſez proche du corps, quelle que ſoit la viteſſe a.

SECTION V.

De la réſiſtance d'une figure plane.

73. Juſqu'ici nous avons conſidéré des ſolides de révolution expoſés à l'action ou à la réſiſtance d'un Fluide. Imaginons préſentement une figure plane, ou plutôt pour éviter toute difficulté, imaginons un corps cylindrique dont la Section perpendiculaire à ſon Axe ſoit la Courbe $EADC$, (Fig. 13) & qui rempliſſe exactement toute la largeur du Canal, que je ſuppoſe être un parallélepipede rectangle rempli d'eau, & dont la hauteur perpendiculaire à $qGHQ$ ſoit égale à celle du cylindre; il eſt viſible qu'on peut ſe contenter de conſidérer ce qui arrive à une ſeule des Coupes perpendiculaires à l'Axe. Or on trouvera facilement en gardant les noms de l'*art.* 45, $B' = -A$ & $A' = B$; pour cela il ne faudra que mettre $\frac{\alpha}{q}$, au lieu de NM & de $\frac{\alpha^2}{qz}$ dans la démonſtration de l'*art.* 45, & dans celle de l'*art.* 48, zero au lieu de $\frac{p}{z}$.

On aura donc dans ce cas $dq = Adx + Bdz$, & $dp = Bdx - Adz$, & on trouvera facilement (*art.* 58) la formule générale de la valeur de p & de q. Mais il ne ſera pas fort aiſé d'appliquer cette formule aux différentes figures propoſées ; du moins je n'ai point trouvé de méthode, autre que celle de l'*art.* 61, pour choiſir dans cette équation générale, quelle eſt celle qui peut convenir avec l'équation de la figure donnée.

SECTION VI.

Remarques ſur notre ſolution du Problême de la preſſion des Fluides.

74. La ſolution que nous donnons ici du Problême de la preſſion des Fluides, eſt, ce me ſemble, appuyée ſur des principes moins vagues & moins arbitraires, que toutes celles qui ont été données juſqu'à préſent. Tout y eſt rigoureuſement démontré, & c'eſt peut-être par cette raiſon qu'il eſt ſi difficile d'y appliquer le calcul, & de pouvoir le comparer avec l'expérience. Car 1°. nous ne déterminons que par approximation les valeurs de p & de q convenables pour chaque cas. 2°. L'Analyſe par laquelle nous propoſons de les trouver eſt ſi longue, qu'elle eſt capable de rebuter le plus intrépide calculateur. Je ne crois pourtant pas qu'on puiſſe trouver une méthode plus directe & plus ſimple pour déterminer la réſiſtance & la preſſion des Fluides, & j'oſe même aſſurer que ſi cette méthode ne s'ac-

corde pas avec ce qu'on trouvera par l'expérience, on doit presque désespérer de trouver la résistance des Fluides par la Théorie & par le calcul Analytique. Je dis *par le calcul Analytique*; car tous les principes Physiques sur lesquels porte notre Analyse ont été démontrés en rigueur; il n'y a qu'une hypothese *Analytique*, qu'on pût absolument nous contester; c'est celle par laquelle nous avons supposé que p & q sont des fonctions de x & de z, ensorte que les Courbes $TFMD$, OKm &c. (Fig. 13) soient de même nature, & renfermées dans une même équation générale. On peut, à la rigueur, nous disputer cette supposition; mais en ce cas, il faut renoncer à toute espérance de déterminer par le calcul, & par conséquent par la Théorie la pression des Fluides. Car dès que nous avons prouvé que les valeurs des quantités p & q ne dépendent que de la position du point auquel elles répondent, on ne sauroit faire une hypothese plus générale pour le calcul, que de supposer que ces quantités sont des fonctions de x & de z.

SECTION VII.

Réflexions sur les expériences qu'on a faites ou qu'on peut faire pour déterminer la pression des Fluides.

75. On peut déterminer de deux maniéres par l'expérience, la pression d'un Fluide qui frappe un corps en repos.

La premiere confifte à expofer ce corps au courant d'un Fluide, & à chercher par expérience l'action du courant fur le corps ; *M. Mariotte* me paroît s'être fervi pour cela de la méthode la plus fimple. Elle confifte à placer d'abord un Axe horizontal dans un plan perpendiculaire au courant ; on attache enfuite dans un plan perpendiculaire à cet Axe deux verges, qui faffent entr'elles un angle droit : à l'extrémité d'une de ces verges, on fixe le corps dont on veut trouver la preffion, & on connoît la quantité de la preffion par le poids qu'il faut mettre à l'extrémité de l'autre verge, pour qu'elles foient toutes deux en équilibre.

M. Mariotte a trouvé par cette Méthode, que la preffion d'un Fluide contre une furface plane perpendiculaire au courant, eft égale au poids d'un cylindre de Fluide qui auroit pour bafe cette furface, & pour hauteur celle qui eft *dûe à la viteffe* du Fluide. On pourroit auffi déterminer facilement par cette Méthode, la preffion contre une furface plane qui feroit expofée obliquement au courant du Fluide.

Pour faire cette expérience plus facilement & rendre les calculs plus fimples, il eft bon que les deux verges foient difpofées de maniére, que dans le cas de l'équilibre l'une foit verticale & l'autre horizontale. Pour cela il faut que l'Axe du corps dont on veut déterminer la preffion, foit perpendiculaire à la verge à laquelle ce corps eft attaché.

Dans le cas où l'on veut éprouver la preffion d'une furface

ſurface plane ſituée obliquement par rapport au courant, on peut placer cette ſurface plane obliquement par rapport à la verge, & conſerver aux deux verges leurs ſituations horizontale & verticale ; ou bien on laiſſera la ſurface plane dans le même plan que la verge, & alors les deux verges ſeront forcées de s'incliner.

On peut encore déterminer la preſſion par le moyen d'un pendule qu'on expoſera au courant du Fluide : car ce pendule ſortira de la ſituation verticale ; & ayant meſuré l'angle dont il s'en écarte, on fera cette proportion ; *comme le Sinus total eſt à la tangente de cet angle, ainſi le poids du pendule eſt à la preſſion cherchée* : analogie ſi facile à démontrer, que je ne crois pas devoir m'y arrêter.

Cette derniere Méthode ne peut guères s'employer commodément, que pour déterminer la preſſion des corps ſphériques. A l'égard de la précédente, lorſqu'on l'employe pour déterminer la preſſion d'une ſurface plane rectangle ou circulaire, ou ovale, ou faite en triangle, ou en général en polygone quelconque, il faut obſerver que le centre du preſſion du Fluide eſt ou doit être cenſé au centre de gravité de la Figure ; la connoiſſance de ce centre eſt donc néceſſaire pour déterminer le bras de lévier par lequel agit la force impulſive du Fluide.

76. La ſeconde Méthode pour trouver par l'expérience la preſſion des Fluides, conſiſte à chercher leur réſiſtance. Nous allons en parler dans les *art.* ſuivans.

L

REMARQUE I.

77. Suivant les expériences qui ont été faites jusqu'à présent par différens Auteurs, on a pour la pression sur le Globe $= \frac{\pi b p \delta}{2}$, b exprimant la hauteur dûe à la vitesse du Fluide, δ sa densité, p la gravité naturelle, 2π le rapport de la circonférence d'un cercle à son rayon; & 1 le rayon du Globe. Ce que je prouve en cette sorte.

La résistance qu'un Fluide exerce contre un corps qui s'y meut, est égale, comme nous le prouverons dans la suite, à la pression que le même Fluide, mû avec une vitesse égale à celle du corps, exerceroit contre ce même corps en repos. De plus, suivant la proposition 39 l. 2 des Princ. Math. de *M. Newton*, la résistance d'un Fluide à un corps sphérique est à la force avec laquelle tout le mouvement de ce corps pourroit être détruit ou engendré, tandis qu'il parcourt les $\frac{8}{3}$ de son diamétre, comme la densité du Fluide à celle du corps. Or soit θ le temps pendant lequel le Globe décriroit uniformément les $\frac{8}{3}$ de son diamétre avec la vitesse $\sqrt{2pb}$, la densité du Globe $= 1$, & par conséquent sa masse $= \frac{4\pi}{3}$; le temps θ sera $= \frac{16}{3\sqrt{2pb}}$, & la résistance, selon *M. Newton*, sera $= \frac{4\pi}{3} \times \frac{\sqrt{[2pb]}}{\theta} \times \frac{\delta}{1} = \frac{\pi b \delta p}{2}$.

insi telle est la formule de la résistance suivant *M. Newton*, formule qu'il dit avoir confirmée par un grand nombre d'expériences.

M. Daniel Bernoulli a donné dans les Mémoires de l'Académie de Petersbourg tom. 2. une autre formule pour la résistance des Globes, qu'il a de même confirmée par des expériences, & qui s'accorde, comme on va le voir, avec la précédente. Voici la proposition de *M. Bernoulli*. Soit s l'espace qu'un corps pesant parcourt librement en tombant dans l'espace d'une seconde, na l'espace qu'un corps parcourroit dans le même temps avec la vitesse uniforme $\sqrt{2pb}$, p' le poids d'un cylindre de Fluide dont la base soit la circonférence π décrite du rayon 1, & dont la hauteur soit $= a$; *M. Daniel Bernoulli* trouve que la pression sur le Globe, ou la résistance du Globe, est $\frac{nnap'}{8s}$: or $p' = \pi \times \delta \times ap$; donc $\frac{nnap'}{8s} = \frac{\pi\delta pnnaa}{8s}$: mais comme les espaces na & $2s$ sont parcourus dans l'espace d'une seconde (*hyp.*) on a $\frac{na}{\sqrt{2pb}} = \frac{2s}{\sqrt{2ps}}$, ou $nnaa = 4bs$. Donc $\frac{nnap'}{8s} = \frac{\pi\delta bp}{2}$.

REMARQUE II.

78. Selon *M. Newton*, la résistance du Globe est égale à celle du cylindre circonscrit; ainsi la pression

ſur ce dernier ſeroit $\frac{\pi\delta bp}{2}$: mais ſuivant *M. Daniel Bernoulli*, la preſſion ſur le cylindre eſt double de la preſſion ſur le Globe, & ſera par conſéquent $\pi\delta bp$. Cette derniere propoſition paroît s'accorder avec les expériences de *M. Mariotte*, ſuivant leſquelles la preſſion d'un Fluide contre une ſurface plane eſt égale au poids d'un cylindre dont cette ſurface ſeroit la baſe, & dont la hauteur ſeroit égale à la ligne *b*. Au reſte, *M. Newton* ne paroît pas avoir ſuffiſamment démontré l'égalité prétendue des deux réſiſtances, comme on l'a prouvé dans l'Introduction ; & à l'égard de *M. Daniel Bernoulli*, il prouve que les réſiſtances ſont dans le rapport de 1 à 2, par la même Méthode que *M. Newton* employe dans ſes Principes Math. l. 2. Prop. 34; méthode qui ne ſauroit avoir lieu, lorſqu'il s'agit d'un Fluide continu. *M. Daniel Bernoulli* aſſure qu'il a tenté pluſieurs expériences ſur la réſiſtance des cylindres, & qu'elles s'accordent avec ſa Théorie ; en faiſant abſtraction de la tenacité des Fluides, qui contribue ſouvent à augmenter la réſiſtance, ſur-tout dans les corps cylindriques. C'eſt pourquoi, en attendant de nouvelles expériences fur ce ſujet, nous prendrons $\pi\delta bp$ & $\frac{\pi\delta bp}{2}$ pour les preſſions du cylindre & du Globe.

En conſidérant les particules du Fluide comme de petits corpuſcules ſans reſſort, & ſéparés les uns des autres, ainſi que je l'ai fait ailleurs (*a*), il réſulte des formules que j'ai données, que la preſſion du cylindre ſeroit $2\pi p b \delta$; & en conſidérant les particules du Fluide comme de petits Corpuſcules élaſtiques, la preſſion ſe trouveroit $4\pi p \delta b$. *M. Euler*, qui dans ſon Traité intitulé *Scientia navalis*, a déterminé la réſiſtance des Fluides par les principes ordinaires, trouve les mêmes réſultats, & en conclut avec raiſon, que la Théorie ſur laquelle ils ſont appuyés ne doit pas être fort exacte, puiſqu'elle eſt contredite par l'expérience. Il obſerve de plus, que dans l'hypotheſe des Corpuſcules élaſtiques, la viteſſe communiquée aux particules du Fluides ſeroit, ſelon les loix ordinaires du mouvement, plus grande que la viteſſe qui reſteroit au corps; & qu'ainſi dans cette hypotheſe il devroit ſe faire un vuide à la partie extérieure du corps, entre le corps & le Fluide : d'où il conclut encore avec raiſon, que cette hypotheſe eſt peu conforme à la nature; ce qui, joint aux raiſons apportées dans l'Introduction, doit déterminer à la rejetter.

Le Savant Geométre dont nous parlons, a donc tâché de démontrer par une autre Méthode, que la preſſion contre une ſurface plane eſt $= p b$; ſon raiſonnement peut ſe réduire à celui-ci. Imaginons un vaſe plein d'eau juſqu'à la hauteur b, au bas duquel

(*a*) Traité de l'Equilibre & du Mouvement des Fluides, L. 3. Ch. 1.

on ait fait un trou circulaire ; & qu'on applique à ce trou une surface plane. Cette surface plane sera pressée par une force $= pb$. Or éloignons maintenant cette surface à quelque distance du trou, l'eau sortira avec la vitesse dûe à la hauteur b, & *l'on peut supposer que la pression de la surface plane sera la même qu'auparavant.* Cette derniere supposition n'est point vraie, ainsi que nous le prouverons dans la suite. Car la pression d'une veine du Fluide qui sort d'un vase & qui frappe un plan, est à très-peu près égale à $2ph$, & non à ph, comme il arrive quand la surface plane est entiérement plongée dans un Fluide. Aussi l'Auteur n'a-t-il donné aucune preuve de la supposition que nous combattons ; & nous lui devons la justice de dire qu'il paroît en avoir senti ou du moins soupçonné le peu d'exactitude.

REMARQUE III.

79. *M. s'Gravesande* dans ses Elém. de Phys. Math. trouve pour la résistance du Globe une quantité bien différente de celle que nous venons de donner d'après *Mrs Newton* & *Bernoulli.* Suivant cet Auteur, l'action d'un Fluide sur un cylindre (abstraction faite de la ténacité, de la pesanteur, & du frottement des parties) est la même que celle que *M. Bernoulli* a trouvée. A l'égard de la pression du Globe, elle est à celle-là, non comme 1 à 2, mais comme 2 à 3, §. 1950. *M. s'Gravesande* a confirmé ce rapport par des expériences, &

il a même entrepris de le démontrer geométriquement. La démonstration qu'il en donne est la même, quant à la Méthode, que celle par laquelle *Mrs Newton* & *Bernoulli* ont trouvé les résistances en raison de 1 à 2; mais avec cette différence, que les Auteurs cités ont supposé que l'action du Fluide perpendiculaire à chaque petit côté d'une Courbe, est en raison de ce petit côté, du quarré de la vitesse & du quarré du Sinus d'incidence; au lieu que selon les Principes de *M. s'Gravesande*, l'action est en raison composée du côté de la Courbe, du quarré de la vitesse, & du Sinus d'incidence simple: c'est delà que vient la différence des rapports de 1 à 2, & de 2 à 3.

Il est vrai que la supposition de *M. s'Gravesande* paroît contraire au principe admis jusqu'ici par tous les Auteurs d'Hydraulique, savoir, que l'action d'un Fluide qui choque obliquement une surface plane, est, toutes choses d'ailleurs égales, comme le quarré du Sinus d'incidence. Mais il faut avouer que cette proposition a été jusqu'à présent mal démontrée. Car la démonstration qu'on en donne est appuyée sur cette seule considération, que plus la surface *AB* (Fig. 21) est oblique au courant du Fluide, moins il y a de particules qui la frappent, puisque le nombre de ces particules est représenté par *ab* perpendiculaire à la direction du Fluide *aA*; & outre cela, moins est grande la force avec laquelle chacune de ces particules frappe le plan; de maniére que cette raison composée donne celle du quarré du Sinus d'incidence. Or on prouveroit par le même raisonnement, que la pression oblique qu'un Fluide stagnant exerceroit contre la surface *AB* seroit en raison de cette surface & du quarré du Sinus d'incidence : car la direction de la gravité étant *aA*, il semble que *ab* doive représenter le nombre des particules ; & la force de la gravité qui agit sur *AB*, semble devoir l'être par le Sinus de l'angle *aAB*. Cependant on sait par les principes d'Hydrostatique, que la pression sur *AB* est proportionnelle à *AB* seulement, quelle que soit la position de cette surface par rapport au Fluide ; parce que les Fluides agissant également en tout sens, la pression sur la surface *AB* est toujours la même que si le Fluide étoit perpendiculaire à cette surface.

D'un autre côté cependant, si la pression du Fluide sur la surface *AB* étoit supposée proportionnelle à la surface seule *AB*, ensorte qu'on jugeât à cet égard d'un Fluide mû, comme d'un Fluide en repos ; il s'ensuivroit que cette pression ne dépendroit en aucune maniére de la position de la surface, ce qui est contraire à l'expérience ; car il n'est personne qui n'ait éprouvé que la résistance est d'autant plus grande, que la surface est plus directement opposée au courant du Fluide. Donc le Sinus d'incidence doit entrer dans la valeur de la pression ; mais comment doit-il y entrer ? c'est ce qui me paroît très-difficile à décider. *M. Daniel Bernoulli* dans le to. 8. des Mém. de Petersbourg,

trouve

trouve que la pression d'une veine de Fluide est proportionnelle à l'amplitude ou largeur de la veine & au Sinus d'incidence simple, ce qui revient, comme on le voit aisément, au quarré du Sinus. Mais il avoue que sa formule est vague & incertaine, & promet de faire là-dessus des expériences. A l'égard de *M. s'Gravesande*, il n'apporte, que je sache, aucune expérience pour prouver que la pression est en raison simple du Sinus d'incidence : & même si on fait attention à la position des aîles dans les moulins à vent, on peut douter de la vérité de cette proposition. Car suivant l'expérience, la position des aîles la plus avantageuse est celle qui leur donne 54°. d'inclinaison sur l'Axe ; or on trouve cette même quantité d'inclinaison, en supposant que la pression est proportionnelle au quarré ss du Sinus d'incidence s ; au lieu que si on la supposoit proportionnelle au Sinus simple s, l'angle se trouveroit de 45°. ce qui est contraire à l'expérience. En effet, dans l'hypothese du quarré du Sinus, l'effort du vent pour faire tourner l'aîle est proportionnel à $ss\sqrt{[1-ss]}$, qui est un *maximum*, lorsque $1-ss=\frac{1}{3}$; & dans l'hypothese du Sinus simple, l'effort est proportionnel à $s\sqrt{[1-ss]}$ qui est un *maximum*, lorsque $s=\frac{1}{2}$.

Nous avons déja observé que la quantité de la pression du Globe déterminée par *M. s'Gravesande*, paroît confirmée par des expériences qu'il rapporte (§. 1495) & que cette quantité est très-différente de celle que *Mrs Newton* & *Bernoulli* ont aussi confirmée par des expériences. *M. Daniel Bernoulli* avoue cependant dans son Hydrodynamique, que l'expérience ne donne point comme la Théorie, la pression du Globe égale à la moitié de celle du cylindre. Mais que faut-il donc répondre aux expériences que lui-même a faites? A l'égard de la pression du cylindre, *Mrs Mariotte*, *Bernoulli* & *s'Gravesande* la trouvent la même par la Théorie; mais outre qu'il est très-difficile de déterminer cette pression par des expériences, *M. s'Gravesande* avoue que celles qu'il a faites sur cette matiére, ne s'accordent point avec sa formule. Il seroit donc nécessaire de répéter toutes ces expériences de nouveau, & de commencer par déterminer la pression d'un Fluide qui choque obliquement une surface plane. C'est ce qu'on peut exécuter aisément par le moyen de la Méthode indiquée *article* 75.

Il faudroit ensuite recommencer les expériences de *Mrs Mariotte*, *Bernoulli*, *Newton* & *s'Gravesande* sur la résistance du Globe. Mais quand même on trouveroit par quelque expérience particuliere la pression oblique d'une surface plane proportionnelle au Sinus d'incidence simple, ce ne seroit pas une raison pour admettre la Théorie de *M. s'Gravesande*. Car cette Théorie a tous les défauts dont nous avons parlé dans l'Introduction.

CHAPITRE V.

De la résistance des Fluides aux corps qui s'y meuvent.

SECTION I.

Observations générales sur les diverses espéces de Fluides.

80. TOUT Fluide dans lequel un corps se meut, est élastique, ou non élastique. J'appelle Fluide élastique celui dont les parties peuvent se resserrer de maniére qu'elles occupent un espace moindre qu'avant la compression, & réciproquement se dilater de maniére qu'elles occupent un espace plus grand qu'avant leur dilatation. Et j'appelle Fluide non élastique celui dont les parties ne peuvent ni se resserrer ni se dilater, mais occupent toujours le même espace, quelle que soit la force qui les comprime.

81. Si un corps se meut dans un Fluide de cette derniere espéce, & que le Fluide soit, ou indéfini, ou renfermé dans un vase fini & fermé de toutes parts, dont il remplisse exactement la capacité, en ce cas il ne doit & ne peut jamais y avoir aucun vuide entre les parties du Fluide & la surface du corps qui s'y meut. Car il ne pourroit y avoir d'espace vuide, à moins que les parties du Fluide ne se resserrassent, ce qui est contre l'hypothese.

82. Il pourra en arriver autrement, si le corps se

meut dans un Fluide non élaſtique & contenu dans un vaſe qui ne ſoit point fermé de tous côtés. Car ſoit par exemple, de l'eau ſtagnante dans un baſſin, & ſoit plongé dans cette eau ſtagnante un corps qui ne ſoit pas fort éloigné de la ſurface ſupérieure de l'eau, & qui ſoit auſſi peſant qu'un égal volume d'eau; j'ajoute cette condition, pour pouvoir faire abſtraction plus facilement de la peſanteur du corps & de celle du Fluide. Qu'on donne à ce corps une impulſion de bas en haut vers la ſurface ſupérieure de l'eau ſtagnante, il eſt viſible que par cette impulſion le Fluide eſt pouſſé dans ſa partie antérieure, c'eſt-à-dire dans la partie qui eſt entre la ſurface de l'eau & la ſurface ſupérieure du corps. Ainſi comme les parties qui ſont à la ſurface de l'eau peuvent ſe mouvoir librement de bas en haut; il pourra arriver que le mouvement imprimé au corps oblige en effet ces parties de ſe mouvoir ainſi, de maniére que la ſurface de l'eau perde en cet endroit-là ſa ſituation & ſa figure rectiligne & horizontale, & s'éleve au-deſſus de ſon niveau. C'eſt pourquoi rien n'empêche alors qu'il ne ſe faſſe un vuide entre la ſurface inférieure du corps & les parties voiſines du Fluide; ſurtout ſi le mouvement imprimé au corps eſt aſſez grand, pour que la preſſion ſe communique dès le premier inſtant à la ſurface de l'eau, & pour que le Fluide contigu à la partie poſtérieure du corps ne puiſſe pas s'élancer avec aſſez de viteſſe dans l'eſpace que ce corps laiſſera vuide par derriere.

83. Si le Fluide eſt élaſtique, ſoit fini, ſoit indéfini, il eſt évident que les parties du Fluide doivent ſe reſſerrer néceſſairement à la partie antérieure du corps, & ſe dilater à la partie poſtérieure; il peut même arriver dans un grand nombre de cas, que le Fluide en s'élançant dans le vuide que le corps laiſſe par derriere, ne rempliſſe pas entiérement ce vuide, ce qui arrivera ſi la viteſſe que le Fluide doit avoir en vertu de ſa compreſſion eſt moindre que la viteſſe imprimée au corps.

84. Nous diviſerons donc en trois parties nos recherches ſur la réſiſtance des Fluides. Nous traiterons dans la premiere de la réſiſtance des Fluides non élaſtiques & indéfinis, ou, ce qui revient au même, contenus dans un vaſe tranquille & fermé de tous côtés, dont ils rempliſſent exactement la capacité, c'eſt-à-dire (généralement parlant) de la réſiſtance des Fluides dans le cas où il ne ſe fait point de vuide entre le Fluide & le corps.

Dans la ſeconde partie, nous traiterons de la réſiſtance des Fluides non élaſtiques & finis, c'eſt-à-dire des cas où il ſe fait un vuide derriere le corps.

Enfin dans la troiſiéme, nous traiterons de la réſiſtance des Fluides élaſtiques. Nous deſtinons à chacune de ces parties un Chapitre particulier, & nous inſérerons entre ces Chapitres pluſieurs Remarques importantes.

SECTION II.

De la résistance des Fluides non élastiques, & indéfinis.

85. Avant que de déterminer cette résistance, il est bon de faire quelques observations nécessaires pour l'intelligence des calculs suivans.

1°. Nous ferons d'abord abstraction dans cette recherche de la ténacité & du frottement des parties du Fluide, dont nous examinerons ensuite séparément l'effet.

2°. Nous ferons de même abstraction d'abord de la pesanteur, tant du corps que du Fluide, & ensuite nous en considérerons l'effet séparément.

3°. Si le Fluide est comprimé par une force quelconque différente de la gravité, nous n'aurons aucun égard à cette compression ; par la raison qu'elle ne sauroit, quelque grande qu'elle soit, apporter aucun changement à la résistance, dans le cas où il ne se fait aucun vuide derriere le corps.

Car soit dans un Fluide quelconque comprimé un corps en repos, dont une moitié soit *ADC*, (Fig. 20) & soit menée d'un point quelconque *V* la ligne *Vu* paralléle à l'Axe *AC*. Le Fluide étant (*hyp.*) également comprimé de tous côtés, les points *V*, *u*, sont pressés par des forces égales suivant *VZ* & *uz* ; donc si on change ces forces en d'autres suivant *VF* & *Vu*, & suivant *uf* & *uV*, on démontrera facilement que les forces suivant *Vu* & *uV* sont égales entr'elles, &

que les forces ſuivant *VF* & *uf* ſont pareillement détruites par des forces contraires ſuivant *FV* & *fu*. Donc la compreſſion du Fluide ne ſauroit produire dans le corps aucun mouvement.

Maintenant, que le corps ſoit mis en mouvement par une cauſe quelconque, la compreſſion ſur les points *V* & *u* ſera toujours la même, puiſque (*hyp.*) il n'y a jamais de vuide entre le Fluide & le Corps, & que la force qui comprime le Fluide agit toujours également.

Donc quelle que ſoit la force comprimante du Fluide, elle ne doit produire aucun mouvement dans le corps, ni aucun changement dans ſon mouvement. Cette obſervation a déja été faite par *M. Newton*, & je ſuis ſurpris que quelques Auteurs, d'ailleurs très-habiles, ayent penſé que la réſiſtance devroit être nulle dans un Fluide infiniment comprimé. Voici leur raiſonnement. Si un Fluide, diſent-ils, eſt infiniment comprimé, l'eſpace qu'un corps qui s'y meut laiſſe vuide par derriere, ſera rempli ſur le champ par les particules du Fluide qui s'y élanceront avec une viteſſe infinie. J'en conviens : mais je dis que par cette même raiſon, la réſiſtance à la partie antérieure doit être beaucoup plus grande : car il eſt évident que la compreſſion à la partie antérieure eſt contraire au mouvement du corps ; donc ſi la compreſſion à la partie poſtérieure favoriſe ce mouvement en quelque maniére, la compreſſion à la partie antérieure doit le retarder d'autant ; deſorte que la compreſſion à la partie antérieure & à la partie poſtérieure, tendent toujours à produire des effets égaux & directement contraires.

Ainſi la compreſſion du Fluide doit être comptée pour rien, dans le cas où il ne ſe fait aucun vuide entre le Fluide & le Corps.

4°. Nous avons démontré dans l'*art.* 39, que quelle que ſoit la viteſſe initiale du corps mû, les particules du Fluide décrivent toujours les mêmes Courbes. Or on peut prouver par un raiſonnement ſemblable, que quelle que ſoit la viteſſe initiale du corps mû, le nombre de parties auxquelles il communique du mouvement dans le premier inſtant eſt toujours le même; & que les parties du Fluide qui ſont en mouvement dans l'inſtant où le corps eſt à la fin de l'eſpace quelconque x, ſont toujours en même nombre, quelle que ſoit la viteſſe de ce corps à la fin de cet eſpace. Or l'expérience prouve que quand un corps ſe meut fort lentement, il n'y a que les particules peu diſtantes du corps qui en reçoivent du mouvement, deſorte que l'action d'un corps qui ſe meut lentement à travers un Fluide, ne s'étend qu'à une petite diſtance de lui: donc l'action d'un corps qui ſe meut avec une viteſſe quelconque dans un Fluide, doit auſſi s'étendre à une petite diſtance de lui; & la même choſe réſulte des *art.* 71 & 72. Au reſte, dans toutes les Propoſitions ſuivantes, nous n'aurons beſoin, comme ci-deſſus, que d'avoir égard aux particules de Fluide immédiatement contiguës à la ſurface du corps.

PROPOS. IX.

PROPOS. XII. PROBLEME.

86. *Déterminer la viteſſe qu'un corps de Figure quelconque, mû avec une viteſſe quelconque, communique aux parties d'un Fluide ſans peſanteur, & d'une denſité quelconque, lorſqu'il ſe meut dans un tel Fluide.*

Soient comme dans l'*art.* 48 *N, B, C, D*, (Fig. 16) quatre particules de Fluide diſpoſées de telle maniére qu'elles conſtituent un parallélogramme rectangle, dont le côté *NC* ſoit parallèle au chemin du corps. Il eſt viſible que la viteſſe de ces particules à chaque inſtant peut être regardée comme compoſée de deux autres; ſavoir d'une viteſſe égale & parallèle à celle que le corps mû a dans cet inſtant, & d'une autre viteſſe qui ſera la viteſſe reſpective de ces particules par rapport au corps. Soit u la viteſſe rectiligne du corps dans un inſtant quelconque, V la viteſſe reſpective de la particule *N*; donc la viteſſe abſolue de cette particule ſera compoſée de la viteſſe u, & de la viteſſe V. La premiere u de ces viteſſes eſt ſuivant *CN*, parallèle & égale à la viteſſe du corps : à l'égard de la ſeconde viteſſe V, on peut la regarder comme compoſée de deux autres viteſſes, dont l'une que j'appelle v, ſera ſuivant *NC*, & l'autre que je nomme v', ſera ſuivant *NB*.

Or, quand le corps eſt à la fin d'un eſpace quelconque, la viteſſe abſolue de la particule *N*, doit avoir (*art.* 8) le même rapport à la viteſſe actuelle du corps, quelle qu'elle soit, & la particule N doit avoir la même situation par rapport à ce corps, & la même direction; donc puisque la vitesse absolue de la particule N suivant NE est $u-v$, & suivant NB est v', il est clair que le rapport de $u-v$ à u, & de v' à u dépend de la situation de la particule N par rapport au corps, & de l'espace x déja parcouru par le corps : or comme $\frac{u-v}{u} = 1 - \frac{v}{u}$, il s'ensuit que le rapport de v à u, & de v' à u dépend de l'espace x parcouru par le corps, & de la position du point N.

De plus, (*art.* 6) $\frac{-du}{u} = \xi\, dr$, ξ étant une fonction de l'espace r décrit par le corps. Donc (*art.* 9) r sera une fonction de $\frac{u}{g}$. Donc le rapport de v à u & de v' à u, dépend de $\frac{u}{g}$ & de la position du point N; c'est-à-dire de $\frac{u}{g}$, de x, & de z. Or dans le filet AMD, (Fig. 17) on a $\frac{v}{v'} = \frac{dx}{dy}$, c'est-à-dire $=$ à une fonction de x & de y. Donc l'expression du rapport de $\frac{v}{u}$ & de $\frac{v'}{u}$, doit être telle, que divisant v par v' & faisant $z = y$, $\frac{u}{g}$ s'évanouisse, & disparoisse de ce rapport. Supposons donc d'abord que la quantité $\frac{u}{g}$

ne se trouve point dans le rapport de v à u & de v' à u, & voyons ce qui résultera de cette hypothese.

Soit, comme dans l'*article* 48, $v = uq$, & $v' = up$, $NB = \alpha$, $NC = \beta$, NN' (Fig. 19) $= k$, $dq = Adx + Bdz$, $dp = A'dx + B'dz$, & on trouvera comme dans l'*art.* 48, $\alpha\beta = (\alpha - updt + updt + udt \cdot B'\alpha) \times (\beta - uqdt + uqdt + udt \cdot A\beta) \times (k + \frac{kpdt}{z})$. D'où l'on tirera comme dans ce même *article*, $B' = -A - \frac{p}{z}$: donc cette équation a lieu, soit que le Fluide se meuve ou qu'il soit en repos. Outre cela, on prouvera encore par le même raisonnement que dans l'*art.* 43 (Fig. 16) que $uq : uq - qdu - u \times NE \times \frac{dq}{dx} - u \times \frac{NE \cdot p}{q} \times \frac{dq}{dz} :: uqdt : NE$. donc $NE = uqdt - qdudt - u^2qdt^2 \times A - u^2pdt^2 \times B$; & on aura de même $FE = updt - pdudt - u^2pA'dt^2 - u^2qB'dt^2$. Donc la particule N sollicitée par les forces $\frac{du}{dt} - \frac{qdu}{dt} - u^2qA - u^2pB$ suivant NC, & par les forces $-\frac{pdu}{dt} - u^2pA' - u^2qB'$ suivant NB, doit être en équilibre : or la force $\frac{du}{dt}$ est la même dans tous les points N, B, C, D, ensorte que les parties du Canal $NBCD$ sollicitées par cette force sont en équilibre : donc la particule N doit être en équilibre étant animée par les seules forces $-\frac{q\,du}{dt}-u^2qA-u^2pB$, & $-\frac{p\,du}{dt}-u^2qA'-u^2pB'$. Donc mettant pour B' sa valeur $-A-\frac{p}{z}$, on aura $\frac{du}{dt}\times\frac{dq}{dz}+\frac{d(u^2qA+u^2Bp)}{dz}=\frac{du}{dt}\times\frac{dp}{dx}+\frac{d(u^2qA'-u^2Ap-\frac{u^2pp}{z})}{dx}$. Donc puisque dans cette équation p & q ne dépendent point de l'indéterminée u, on doit avoir séparément $\frac{du}{dt}\times\frac{dq}{dz}=\frac{du}{dt}\times\frac{dp}{dx}$; c'est-à-dire $\frac{dq}{dz}=\frac{dp}{dx}$ ou $B=A'$, & $\frac{u^2\,d(qA+Bp)}{dz}=\frac{u^2d(qA'-Ap-\frac{pp}{z})}{dx}$ ou $\frac{d(qA+Bp)}{dz}=\frac{d(qA'-Ap-\frac{pp}{z})}{dx}$. Cette équation ne différe point de celle de l'*art.* 48 $\frac{d(qA+Bp)}{dz}=\frac{d(qA'+B'p)}{dx}$, en supposant $B'=-A-\frac{p}{z}$, & $A=B'$; car nous avons vu (*art.* 48) que cette derniere équation se réduisoit alors à zero : donc les conditions déja trouvées $B=A'$ & $B'=-A-\frac{p}{z}$ satisfont à l'équation $\frac{d(qA+Bp)}{dz}=\frac{d(qA'-Ap-\frac{pp}{z})}{dx}$;

de laquelle il ne résulte aucune nouvelle condition. Donc les équations $B = A'$ & $B' = - A - \frac{p}{z}$, ont également lieu, soit dans le cas où le Fluide se meut, soit dans le cas où le Fluide est en repos, & le corps en mouvement.

SCHOLIE I.

87. Si nous eussions supposé $\frac{v}{u} = q\varphi(\frac{u}{g})$ & $\frac{v'}{u} = p\varphi(\frac{u}{g})$, q & p désignant des fonctions de x & de z, & $\varphi(\frac{u}{g})$ une fonction quelconque de $\frac{u}{g}$, nous serions arrivés aux mêmes équations.

Voici maintenant la raison pour laquelle nous avons supposé la fonction $\varphi \frac{u}{g} = 1$. Si nous supposions $\frac{v}{u} = q\varphi(\frac{u}{g})$, nous trouverions, comme il est très-aisé de le faire voir, la pression proportionnelle à $uu\varphi(\frac{u}{g})^2$, ce qui ne doit pas être surprenant, puisqu'en général la résistance R (*article 9*) est proportionnelle à ξuu, ξ étant une fonction de $\frac{u}{g}$: la résistance ne seroit donc pas proportionnelle au simple quarré de la vitesse. Or nous allons démontrer dans l'*art.* suivant, qu'elle est en effet proportionnelle à ce quarré seul.

SCHOLIE II.

88. Soit u la vitesse variable du corps à chaque instant, & supposons que durant tout le tems du mouvement du corps, le systême du Fluide & du corps soit emporté en sens contraire avec une vitesse variable u égale à celle-là ; il est visible que le corps restera en repos, & que ce sera le Fluide qui viendra le frapper avec une vitesse variable u ; mais par les loix primitives du mouvement, la pression du Fluide sur le corps ne sera point changée : or je dis que dans ce cas la pression du Fluide contre le corps sera proportionnelle à uu ; car si on suppose qu'une force accélératrice ou retardatrice quelconque proportionnelle à kdt agisse à chaque instant sur les parties du Fluide, les filets ne seront point dérangés (*art.* 56) ; mais la vitesse de chaque particule sera augmentée ou diminuée à chaque instant d'une quantité proportionnelle à $kdt\sqrt{[pp+qq]}$. Donc si la vitesse est u dans un instant quelconque, la pression en cet instant sera formée 1°. d'une quantité proportionnelle à $\varphi uu\delta$, (*art.* 68) & qui vient de la vitesse u ; 2°. d'une quantité qui vient de la vitesse de tendance kdt, & qui est $\delta kdt \times (\mu + \Omega - \pi\Gamma bb)$ (*articles* 54 & 56). Or (*art.* 55) cette quantité $\mu + \Omega - \pi\Gamma bb = 0$; donc la pression du Fluide est simplement proportionnelle à uu.

Les Auteurs d'Hydraulique ont jusqu'à présent posé tous pour principe, que la résistance d'un corps mû dans un Fluide eſt égale à la preſſion que ce Fluide mû avec la même viteſſe exerceroit contre le corps ſuppoſé en repos. Mais 1°. ils n'ont pas fait attention que cette viteſſe étant variable, la preſſion qui en réſulte pourroit contenir l'Elément du, & par conſéquent n'être pas proportionnelle à uu : 2°. en conſidérant même cette viteſſe variable comme ils auroient fait une viteſſe uniforme, ils n'ont prouvé que d'une maniére fort vague, que la preſſion étoit comme uu : voyez ci-deſſus l'*art.* 10. Il me ſemble que nous avons pleinement ſatisfait à toutes ces difficultés, en démontrant que le coefficient de $\frac{du}{dt}$ eſt $= 0$, & que le coefficient φ de uu eſt toujours le même, quelle que ſoit u.

Il faut ſeulement remarquer qu'au premier inſtant la preſſion n'eſt pas proportionnelle à uu, mais qu'elle eſt égale (*art.* 54) à $u\delta(\mu + \Omega - \pi\Gamma bb)$ c'eſt-à-dire à zero.

Soit donc un corps pouſſé dans un Fluide ſtagnant avec la viteſſe initiale U, & que ce corps au bout du temps t ait la viteſſe u; il eſt viſible qu'on peut le regarder comme animé à chaque inſtant ſuivant CA (Fig. 13) par la force $+ \frac{du}{dt}$: ſoit imprimée au ſyſtême du Fluide & du Corps la viteſſe initiale $- U$; & enſuite à chaque inſtant dt la viteſſe $+ \frac{du}{dt}$ ſuivant AC, il eſt viſible que le corps ſera en repos, & qu'il ſera cependant poussé continuellement suivant *AC* par une force $= + \frac{du}{dt}$ qui fera équilibre à la pression du Fluide.

PROPOS. XIII. PROBLÊME.

89. *Les mêmes choses étant supposées que dans l'*article précédent, *déterminer la résistance du Fluide.*

La force qui tend à mouvoir le corps dans l'instant dt est $+ \frac{du}{dt}$. Soit μ le volume de ce corps, & Δ sa densité : donc $\mu \times \Delta$ sera sa masse ; donc $\mu \times \Delta \times + \frac{du}{dt}$ sera la force suivant *CA* ; cette force doit faire équilibre (*art.* 1) à la pression du Fluide, c'est-à-dire à $\delta \varphi uu - \frac{\delta du}{dt} \times (\mu + \Omega - \pi \Gamma b^2)$. Donc puisque $\mu + \Omega - \pi \Gamma b^2 = 0$, on aura $\mu \Delta \frac{du}{dt} + \delta \varphi u^2 = 0$.

COROLLAIRE.

90. Donc $- \frac{du}{u^2} \times \mu \Delta = \varphi \delta dt$ est la formule générale pour trouver la vitesse d'un corps qui se meut dans un Fluide. D'où il est évident que la résistance du Fluide, toutes choses d'ailleurs égales, est proportionnelle à $uu\varphi\delta$, c'est-à-dire qu'elle est égale à la pression que ce Fluide exerceroit sur le corps supposé en repos, si ce Fluide venoit le choquer avec la vitesse u. Cette proposition, comme nous l'avons dit, a été jusqu'à

jusqu'à présent reconnue pour vraie, mais elle n'en avoit pas moins besoin d'être prouvée. Car la pression d'un Fluide mû uniformément avec la vitesse a, sur un corps en repos, est $aa\varphi\delta$, au lieu que la pression d'un Fluide en repos sur un corps qui s'y meut avec une vitesse variable u, est $uu\varphi\delta + \frac{du}{dt} \times \delta(\Gamma\pi bb - \Omega - \mu)$: or cette quantité ne se réduit pas à $uu\varphi\delta$, à moins que $\Gamma\pi bb - \Omega - \mu$ ne soit $= 0$. C'est ce qu'il ne paroissoit pas facile de démontrer, à cause de la difficulté d'exprimer analytiquement les quantités Γ & Ω; mais nous en sommes heureusement venus à bout par la considération de la vitesse primitive du corps, sans avoir besoin de connoître ces quantités.

PROPOS. XIV. PROBLÊME.

91. *Les mêmes choses étant posées, trouver la résistance d'un corps mû dans un Fluide, en ayant égard à la gravité du Fluide & du Corps, & en supposant que le corps monte dans le Fluide.*

La pesanteur n'étant autre chose qu'une force qui agit également sur toutes les particules du Fluide suivant des lignes paralléles; on prouvera facilement par le même raisonnement que dans les *art.* 48 & 56, que l'on aura $A' = B$ & $B' = -A - \frac{p}{z}$: outre cela, la pression du Fluide qui vient de sa vitesse respective,

& de la force $-\frac{du}{dt}$, doit être augmentée de la pression $g\mu\delta$ qui provient de la gravité du corps, & elle doit être diminuée de la quantité $gM\Delta$ qui vient de l'effort du Fluide en vertu de sa pesanteur, & qui agit de bas en haut. Donc la pression $\varphi u^2\delta$ trouvée dans l'*art.* 89, doit être augmentée de la quantité $g\mu\delta - g\mu\Delta$. Donc on aura $-du = \frac{\varphi u^2\delta dt}{\Delta \cdot \mu} + (\frac{g\delta}{\Delta} - g)\, dt$.

PROPOS. XIV. PROBLÊME.

92. *Les mêmes choses étant posées, trouver la résistance du Fluide, en ayant égard à la tenacité & au frottement des parties.*

1°. Le frottement du Fluide sur le corps, ne peut venir que de la vitesse respective du Fluide par rapport au corps.

2°. Les expériences faites par le célébre *M. Muschenbroek*, nous apprennent que le frottement est proportionnel à la vitesse: d'où il s'ensuit que si la vitesse respective en un point quelconque est nommée U, le frottement sera proportionnel à nU, n désignant un coefficient qu'il faut déterminer par l'expérience, & qui est la résistance venant du frottement, lorsque la vitesse U est $= 1$.

3°. Les équations $B' = -A - \frac{p}{z}$ & $A' = B$, ont encore lieu ici. Car les forces perdues par chaque particule du Fluide, & déterminées dans l'*art.* 48, doivent être diminuées des forces $un \times p$, & $un \times q$; parce que le frottement en diminuant la viteſſe, peut être cenſé repréſenté par une force qui agiroit en ſens contraire à la direction de la viteſſe. Donc la force $-un \times p$ doit être ſouſtraite de la force perdue ſuivant NB, (Fig. 16) & la force $-un \times q$ de la force perdue ſuivant NC: on aura donc (*art.* 87) $-nu\frac{dq}{dt} + \frac{du \,.\, dq}{dt dz} + u^2 \frac{d(qA + Bp)}{uz} = -nu\frac{dp}{dx} + \frac{du \,.\, dp}{dt dx} + u^2$ $d(qA' + B'p)$; & comme p & q ne dépendent point de u, on aura ſéparément $\frac{dq}{dt} = \frac{dp}{dx}$ & $\frac{d(qA + Bp)}{dz} = \frac{d(qA' + B'p)}{dx}$: d'où l'on tire, comme dans l'*article* 48, $B = A'$ & $B' = -A - \frac{p}{z}$.

Donc la preſſion de A vers C trouvée par les calculs précédens, doit être diminuée (*article* 54) de $un\delta \int 2\pi y dy' \int p dy' + q dx' - un\delta\pi\Gamma \,.\, AA$, c'eſt-à-dire qu'il lui faut ajouter (*article* 54) $= -un\delta \times (\Omega - bb\Gamma\pi)$. On aura par conſéquent pour l'équation générale $-\mu\Delta \,.\, du = \varphi u^2 \delta dt + g\delta\mu - g\Delta\mu - und\Omega + un\delta \,.\, \Gamma\pi bb$; & comme $-\Omega + \Gamma\pi bb = \mu$, (*article* 55) on aura $-\mu\Delta du = \varphi u^2\delta dt + g\delta\mu - g\Delta\mu + un\delta\mu$.

REMARQUE.

93. La réſiſtance proportionnelle à la viteſſe, dont nous avons parlé ici, eſt celle qui eſt dûe au frottement des parties du Fluide & du Corps. Ce frottement vient de l'aſperité de la ſurface du corps. Mais il y a de plus une autre réſiſtance qui vient de la ténacité des parties du Fluide, & qui, autant qu'on peut le conjecturer par toutes les expériences, peut être regardée comme une force conſtante. Car 1°. il y a bien des corps, qui, quoique d'une peſanteur ſpécifique moindre que celle de l'eau, ne deſcendent point dans l'eau. Or cette deſcente n'étant empêchée que par la ténacité des parties de l'eau, il s'enſuit que la ténacité eſt néceſſairement dans un rapport fini avec la gravité. En effet, tout corps tant ſoit peu plus peſant que l'eau, y deſcendroit toujours, ſi la ténacité étoit proportionnelle à quelque puiſſance de la viteſſe : car en faiſant la viteſſe = 0, la ténacité ſeroit = 0, & ainſi elle ne s'oppoſeroit point à la premiere deſcente du corps. 2°. Il n'y a perſonne qui n'ait obſervé cette ténacité dans les gouttes d'eau, car elle empêche ſouvent ces gouttes de tomber, lorſqu'elles ſont adhérentes à la ſurface inférieure de quelque corps. Donc cette ténacité, ſoit qu'elle vienne de quelque force compreſſive, ou de l'attraction des parties, eſt une force conſtante comme la gravité, quoique très-petite par rapport à elle.

La ſeule objection qu'on puiſſe faire contre ce raiſonnement, c'eſt que tout pendule tant ſoit peu plus peſant que l'eau, affecte toujours dans l'eau la ſituation verticale, & y revient quand il en eſt tant ſoit peu écarté ; ce qui n'arriveroit pas, ſi la ténacité étoit une force conſtante. Car ſoit g la gravité α, la force de la ténacité, il eſt clair que le pendule devroit s'arrêter dans toute ſituation où il feroit avec la verticale un angle ou plus petit, ou $= \frac{\alpha}{g}$; ce que perſonne, que je ſache, n'a encore remarqué. Mais comme l'angle $\frac{\alpha}{g}$ eſt fort petit, & par conſéquent peu aiſé à obſerver, & que d'ailleurs le moindre mouvement étranger de la part de l'air ou des corps environnans peut déranger cette expérience ; je ne regarde pas l'objection dont il s'agit, comme aſſez grande pour me faire rejetter une vérité qui me paroît conforme à la raiſon, & qui eſt appuyée d'une infinité d'expériences. *M. s'Graveſande* dans l'ouvrage que nous avons déja cité, trouve (*§.* 1911) que la preſſion d'un Fluide en mouvement contre un corps en repos, eſt proportionnelle en partie à la viteſſe ſimple, à cauſe de la ténacité du Fluide, & en partie au quarré de la viteſſe à cauſe de la force d'inertie. L'intenſité des deux preſſions contre un corps cylindrique, paroît être en raiſon de 20 à 39 ſuivant les expériences qu'il a faites, *§.* 1930 & 1945. La premiere, celle qui vient de la ténacité, eſt indépendante, ſelon *M. s'Graveſande*, de la figure du corps (§. 1916); mais il n'en eſt pas de même de la ſeconde; car dans un Globe elle eſt les $\frac{2}{3}$ de celle du Cylindre, & dans un Cône droit elle eſt à celle du Cylindre, comme le demi diamétre de la baſe eſt au côté, §. 1917, 1918 &c.

Quand le Fluide eſt en repos & le corps en mouvement, alors la réſiſtance totale eſt encore, ſelon *M. s'Graveſande*, compoſée de deux autres: une partie eſt conſtante, l'autre eſt en raiſon du quarré de la viteſſe (§. 1975). Il prouve qu'une partie de la réſiſtance eſt conſtante, parce qu'un corps mû dans un Fluide s'arrête enfin, ce qui n'arriveroit pas, ſi la réſiſtance dépendoit ſimplement de la viteſſe (§. 1963). Cette preuve fortifie celle que nous avons déja donnée de la même propoſition au commencement de cet article: en effet, lorſqu'on ſuppoſe la réſiſtance comme uu, ou comme u, ou comme $uu + u$, on trouvera toujours t, c'eſt-à-dire le temps du mouvement du corps $= \infty$; mais t eſt fini, lorſqu'il entre dans l'expreſſion de la réſiſtance un terme tout conſtant.

Mais comment la réſiſtance qui vient de la cohéſion des parties, eſt-elle proportionnelle à la viteſſe dans le cas du Fluide en mouvement, & conſtante dans le cas du Fluide en repos? c'eſt ce que *M. s'Graveſande* tâche d'expliquer, §. 2065 *& ſuiv.* mais par un raiſonnement qui me paroît très-obſcur; d'ailleurs, je ne vois point qu'il ait fait aucune expérience pour constater cette différence ; ou plûtôt, dans les expériences même qu'il a faites sur la pression d'un Fluide en mouvement, il remarque (§. 1914) que la Théorie ne s'accorde point avec l'expérience quand la vitesse est fort petite, mais que la pression donnée par l'expérience (§. 1911) est plus grande que celle qu'on trouve par la Théorie. Ce qui prouve, ce me semble, que la pression du Fluide qui vient de la ténacité n'est pas rigoureusement proportionnelle à la vitesse.

Il faut cependant avouer qu'en examinant en elle-même l'opinion de *M. s'Gravesande*, indépendamment des preuves obscures & insuffisantes par lesquelles il a cherché à l'appuyer, cette opinion peut paroître fondée jusqu'à un certain point, du moins au premier coup d'œil ; c'est-à-dire qu'on peut penser que la pression d'un Fluide mû contre un corps en repos, & la résistance qu'un corps mû éprouve dans un Fluide en repos, ne sont pas les mêmes dans les cas où l'on a égard à la ténacité des parties du Fluide ; si l'on entend par *ténacité* la difficulté qu'ont les particules du Fluide à être séparées. En effet, quand un corps se meut, on voit clairement que la difficulté de séparer les particules est un obstacle pour lui, qui doit nécessairement lui faire perdre de sa vitesse. Mais quand le corps est en repos, & que c'est le Fluide qui vient le frapper, on ne voit pas d'abord bien distinctement comment la ténacité des parties augmente alors la pression. Car cette ténacité paroît une force ſimplement paſſive, plutôt capable de réſiſtance que d'action.

Cependant en examinant cette queſtion plus attentivement, on s'apperçoit bientôt que la ténacité doit augmenter la preſſion dans un Fluide qui eſt mû contre un corps. Car la ténacité eſt une force par laquelle les particules du Fluide réſiſtent à leur diviſion; enſorte que ſi les particules du Fluide n'avoient préciſément qu'une viteſſe aſſez petite pour ne pas pouvoir être détachées les unes des autres, ces parties ſe mouvroient en vertu de cette viteſſe, comme feroit un corps abſolument ſolide, & le Fluide feroit mû conjointement avec le corps, de maniére que les particules du Fluide n'auroient par rapport au corps aucune viteſſe reſpective. Pour mieux éclaircir notre penſée, ſuppoſons dans un Fluide en repos un corps tant ſoit peu plus peſant que le Fluide, mais qui y demeure ſuſpendu à cauſe de l'adhérence des parties du Fluide; tout le ſyſtême reſtera donc en repos. Donnons à préſent à ce ſyſtême une viteſſe égale & contraire à celle avec laquelle le corps tend à deſcendre, il eſt évident que le Fluide & le Corps feront tranſportés avec cette viteſſe, de la même maniére que ſi le tout formoit un corps ſolide; & qu'ils feront tranſportés en ſens contraire à celui ſelon lequel le corps tend à ſe mouvoir. Ainſi on voit de quelle maniére la ténacité des particules peut être réduite à l'action d'une force qui tendroit à tranſporter le corps dans un ſens contraire à celui

celui ſelon lequel il ſe meut. On peut encore réduire la ténacité à une force active, en conſidérant que lorſqu'un corps tant ſoit peu plus peſant qu'un pareil volume de Fluide y demeure ſuſpendu à cauſe de la ténacité du Fluide, il eſt dans le même cas, que ſi abſtraction faite de la ténacité, on augmentoit la peſanteur du Fluide d'une quantité telle, que le Fluide & le Corps fuſſent en équilibre. Delà il s'enſuit auſſi que la ténacité peut être cenſée équivalente à une force conſtante, puiſque l'effet de la ténacité eſt équivalent à celui qui réſulteroit d'une augmentation de peſanteur dans le Fluide.

Il me ſemble donc que nous avons diſtingué avec beaucoup de fondement trois eſpeces de réſiſtance: l'une conſtante, qui vient de la ténacité des particules du Fluide, c'eſt-à-dire de la réſiſtance que ces particules apportent à être diviſées; la ſeconde proportionnelle à la viteſſe, & venant du frottement que les particules du Fluide éprouvent en gliſſant ſur la ſurface du corps en vertu de leur viteſſe reſpective; la troiſiéme proportionnelle au quarré de la viteſſe, & venant de la force d'inertie. La réſiſtance conſtante ne dépend ni de la figure du corps ni de ſa viteſſe, ni même de ſa largeur. Car cette réſiſtance vient ſur-tout des parties de Fluide qui ſe trouvent dans l'Axe *AC* prolongé vers *A*, & que le corps eſt obligé de ſéparer pour ſe mouvoir: or le nombre des particules à ſéparer eſt comme l'eſpace parcouru; donc la *force vive* perdue eſt proportionnelle à cet eſpace. En effet, on peut avec aſſez de vraiſemblance comparer cette réſiſtance à l'effort de la gravité, ou à la force d'un fil élaſtique, qui ſeroit toujours la même.

COROLLAIRE.

94. Donc ſi on ſuppoſe que g' ſoit la partie de la réſiſtance qui doit être conſtante, & qu'on ait égard tant à la peſanteur du Fluide & du Corps, qu'à la ténacité & au frottement des parties, on aura $-\mu\Delta du = \varphi u^2 \delta dt + g\delta\mu - g\Delta\mu + ung\delta\mu + g'\delta$. Telle eſt l'équation générale du mouvement d'un corps dans un Fluide. Elle ſe réduit à celle-ci $\frac{-du}{\alpha u^2 + 6u + \gamma} = dt$, α, 6, & γ étant des conſtantes : or l'intégration de cette derniere équation n'a aucune difficulté. Car ſoient $u+k$ & $u+k'$ les deux racines du facteur de la quantité $uu + \frac{6u}{\alpha} + \frac{\gamma}{\alpha}$, on aura $\alpha t = -\frac{1}{k-k'} \times \frac{\log.(u+k).(g+k')}{(u+k')(g+k)}$, g marquant la viteſſe initiale du corps.

Donc $\frac{(u+k).(g+k')}{(u+k')(g+k)} = c^{-\alpha t(k-k')}$; ce qui donne la valeur de u en t. Or ſi k eſt imaginaire auſſi-bien que k', ces expreſſions ſe réduiront aiſément à des quantités réelles par la Méthode que j'ai expliquée dans les Mém. de l'Académie des Sciences de Pruſſe 1746. Ainſi la ſolution du Problême eſt réduite maintenant à une pure difficulté d'Analyse. C'eſt pourquoi je paſſe à d'autres recherches, en me contentant de faire obſerver que c'eſt par une Méthode entiérement nouvelle que je ſuis arrivé à cette formule.

SECTION III.

Maniére de déterminer par les expériences du pendule la réſiſtance des Fluides, lorſque la viteſſe eſt fort petite.

95. On peut d'abord s'aſſurer aiſément par les expériences du pendule, ſi la réſiſtance eſt à peu près comme le quarré de la viteſſe, lorſque la viteſſe eſt fort petite. Pour le trouver, imaginons un pendule qui décrit de fort petits Arcs : ſoit p la gravité naturelle, A (Fig. 22) le point d'où l'on ſuppoſe que le corps part dans un inſtant quelconque, $AM = y$, $DM = s$, $QP = x$, $AD = B$, $CD = a$, u la viteſſe en M, m la maſſe du pendule, f la réſiſtance que feroit le Fluide à la maſſe m mûe avec une viteſſe $\sqrt{[2ph]}$, on aura $pdx - \frac{fuudy}{2phm} = udu$, dans l'hypotheſe de la réſiſtance comme le quarré de la viteſſe : d'où l'on tire $uu = 2px - \int \frac{fuudy}{phm}$: or $x = \frac{BB - ss}{2a}$; & $s = B - y$; d'où l'on voit que uu eſt à très-peu près égal à $\frac{p(2By - yy)}{a} - \int \frac{fdy}{phm} \left(\frac{p \cdot 2By - pyy}{a}\right)$. Donc

$uu = \frac{p(2By - yy)}{a} - \frac{f}{ahm} \times (Byy - \frac{y^3}{3})$. Donc pour trouver le point α jusqu'où le corps remonte, il n'y a qu'à faire $u = 0$, ce qui donnera y ou $AD\alpha = 2B - \frac{2fB^2}{3phm}$. Donc $\alpha a = \frac{2fB^2}{3phm}$. Or en supposant la résistance comme le quarré de la vitesse, $\frac{phm}{f}$ doit être égale à une ligne constante n. Donc $\alpha a = \frac{2B^2}{3n}$.

96. Maintenant il est facile de voir, que de quelque point A que le corps parte, le temps très-court qu'il employe à faire une vibration, & que j'appelle α, sera toujours sensiblement le même. Donc si on regarde αa comme une quantité infiniment petite & $= - dB$, & qu'on suppose aussi $\alpha = dt$, on aura $-dB$ proportionnel à $\frac{2B^2 dt}{3n}$; donc si on suppose que le premier Arc parcouru par le corps soit $= B'$, on trouvera que $\frac{3n}{2B} - \frac{3n}{2B'}$ est proportionnel à t. Donc pour que la résistance soit comme le quarré de la vitesse, il faut que $\frac{B' - B}{Bt}$ soit une quantité constante, t exprimant le temps qu'il y a que le pendule est en mouvement. Voici donc comment on s'assurera par l'expérience, si la résistance est comme le quarré de la vitesse.

97. On fera mouvoir dans le Fluide dont on veut déterminer la résistance, un pendule de longueur arbitraire CD (Fig. 23) ; on aura soin seulement que la suspension en C soit telle, que le frottement puisse être compté pour rien ; on peut se servir pour cela d'un fil de pite attaché entre deux lames de cuivre ou d'acier très-polies, auquel on suspendra le pendule. On remarquera ensuite le point O d'où l'on laisse tomber le pendule, & on examinera les points B, M, auxquels il remonte après deux temps quelconques t, t' ; je dis que la résistance sera comme le quarré de la vitesse, si $\frac{OB}{DB} : \frac{OM}{DM} :: t : t'$.

Supposant que cette proportion se trouve en effet vraie, ou à très-peu près vraie, il sera facile de connoître la quantité constante n. Pour cela, soit α le temps d'une vibration du pendule, qu'on peut déterminer avec beaucoup de précision, en comptant le nombre des vibrations qu'il fait pendant un tems donné : il est clair qu'on peut supposer $\frac{f}{pm} = \frac{n}{T}$, T désignant un temps constant, mais inconnu. Donc on aura $-dB = \frac{2dt \cdot B^2}{3Th}$ & $\frac{3h}{2B} - \frac{3h}{2B'} = \frac{t}{T} = \frac{tf}{pm\alpha}$: donc $\frac{1}{B} - \frac{1}{B'} = \frac{2t}{3\alpha n}$: donc $n = \frac{3t \cdot B'B}{2\alpha(B' - B)} = \frac{3t}{2\alpha} \times \frac{BD \times DO}{OB}$.

98. Si on trouve que la résistance n'est pas proportionnelle au quarré de la vitesse, en ce cas on sup-

poſera la réſiſtance $= g + \frac{fuu}{2ph} + \frac{ku}{\sqrt{[2ph]}}$, comme nous avons fait dans l'*art.* 94 ; mais alors il ſera très-pénible de déterminer par les expériences du pendule les coefficiens f, g, k, parce que la formule qui donneroit la valeur de B en t, ſera extrêmement compliquée. Je crois donc qu'en ce cas l'Analyſe pour déterminer ces coefficiens, eſt d'une difficulté preſque inſurmontable par l'eſpece d'impoſſibilité qu'il y a de trouver une équation ſimple & commode entre les temps & les eſpaces parcourus. Cependant, il me ſemble que de toutes les hypotheſes qu'on peut faire ſur la réſiſtance des Fluides, la plus vraie & la moins ſujette à conteſtation, eſt celle dont il s'agit ici. Il ſeroit à ſouhaiter qu'on pût trouver moyen de la comparer facilement avec les expériences.

Voici, au reſte, la Méthode que j'ai imaginée pour réduire le plus commodément qu'il eſt poſſible, les expériences au calcul.

On aura $uu = \frac{p}{a}(2By - yy) - \frac{f}{ahm}(By^2 - \frac{y^3}{3}) - \frac{2gy}{m} - \frac{2k}{\sqrt{[2ab]}.m} \times \int dy \sqrt{[2By - yy]}$. Donc ſi on nomme π le rapport de la circonférence d'un cercle à ſon rayon, on trouvera $aa = \frac{2fBB}{3phm} + \frac{2ga}{pm} + \frac{2ka\pi.B}{2.p\sqrt{[2ha]}.m}$. Donc faiſant $\frac{f}{pm} = = \frac{n}{T} = \frac{dt}{T}$, on aura

$$-dB = \frac{2BBdt}{3Th} + \frac{2agdt}{fT} + \frac{akπBdt}{fT\surd[2ah]} \text{ ou } \frac{dt}{T} = - \frac{\frac{3hdB}{2}}{BB + \frac{kπ.3\surd[2ha]}{f} B + \frac{3hga}{f}}.$$

On peut donc ſuppoſer $\frac{dt}{T} = \frac{-3h.dB}{2(B+G)\times(B+A)}$, G & A étant imaginaires ou réelles ; d'où l'on tire $\frac{t}{T} = \int \frac{3h}{2(A-G)} \times (\frac{dB}{B+A} - \frac{dB}{B+G})$ & $\frac{2(A-G)t}{3hT} =$ Log. $\frac{B+A}{B'+A} \times \frac{B'+G}{B+G}$. Donc t eſt proportionnelle à Log. $\frac{B+A}{B+G}$ — Log. $\frac{B'+A}{B'+G}$. Delà il s'enſuit que par 3 obſervations on connoîtra A & G, & par conſéquent $\frac{h}{f}$ & $\frac{g}{f}$. Car ſoit obſervé d'abord l'Arc B' de la premiere deſcente, & enſuite ſoient obſervés trois Arcs C, C', C'' en des tems t, t', t'' qui ſoient en progreſſion arithmétique, on aura cette proportion geométrique continue $\div 1 : \frac{C+A}{B'+A} \times \frac{B'+G}{C+G} : \frac{C'+A\times B'+G}{B'+A\times C'+G} : \frac{C''+A\times B'+G}{B'+A\times C''+G}$; d'où l'on tirera, à la vérité par un calcul très-long, les valeurs de A & de G. De plus, mettant au lieu de T ſa valeur $\frac{pma}{f}$, on aura $\frac{2(A-G).tf}{3hpma} =$

Log. $\frac{B+A}{B'+A} \times \frac{B'+G}{B+G}$. Donc on connoîtra aussi $\frac{pm}{f}$ ou le rapport de f à pm.

Remarque.

99. *M. Daniel Bernoulli*, to. 3. des Mém. de Petersbourg, s'est proposé de déterminer par la Théorie le mouvement d'un corps pesant dans un milieu dont la résistance seroit en partie constante par la ténacité, & en partie proportionnelle au quarré de la vitesse. Ayant appliqué son calcul à l'expérience, il trouve que la force de ténacité par laquelle l'eau resteroit à un Globe dont le poids dans l'eau seroit d'un grain, équivaudroit à environ $\frac{1}{4}$ du poids de ce Globe, résultat qui paroît suspect à *M. Bernoulli*, comme donnant une valeur trop considérable pour la résistance qui vient de la ténacité. Il observe, au reste, que suivant les expériences de *M. Newton*, Lib. 2. Scol. Prop. XL, cette résistance n'a lieu que dans les mouvemens très-lents, & que dans les autres la résistance est à peu près comme le quarré de la vitesse.

Dans le to. 5. des mêmes Mémoires, ce grand Geométre continue de traiter le même sujet. Il applique d'abord le calcul aux expériences des pendules faites par *M. Newton*, Scholie Prop. 31. liv. 2. & il trouve après avoir pesé & discuté toutes les circonstances, 1°. que dans les pendules dont le mouvement n'est pas trop lent, la résistance est à peu près comme le

quarré

quarré de la viteſſe, 2°. que dans les mouvemens plus lents, il ſe joint à cette réſiſtance une force conſtante. 3°. Enfin, que dans les mouvemens extrêmement lents, il paroît très-difficile de déterminer aſſez exactement la loi que ſuit la réſiſtance totale, parce que les expériences ne s'accordent point alors avec la Théorie. Cependant *M. Bernoulli* croit que dans ce cas même la Théorie ne doit pas être tout-à-fait rejettée, les expériences étant ſi délicates, qu'il paroît difficile d'en rien conclure de certain & de poſitif. Peut-être, au reſte, ſeroient-elles mieux d'accord avec la Théorie, ſi dans le cas où les mouvemens ſont très-lents, on imaginoit la réſiſtance proportionnelle à $fuu + ku + g$, ainſi que nous l'avons fait. Au reſte, il me ſemble que la formule qui a été donnée, p. 135 to. 5 des Mém. de l'Acad. de Peterſbourg, ne repréſente pas exactement la différence des Arcs parcourus dans l'hypotheſe de la réſiſtance proportionnelle à $fuu + g$; c'eſt de quoi on pourra s'aſſurer en comparant nos deux Méthodes.

L'Auteur trouve qu'en appellant t l'Arc de la premiere deſcente, l'Arc remonté ſera $t - \frac{4}{3} ntt$, la réſiſtance étant comme le quarré de la viteſſe, ce qui s'accorde avec ce que nous avons trouvé. D'où il conclut qu'après un nombre d'oſcillations $= l$, l'Arc remonté ſera à peu près repréſenté par cette progreſſion geométrique $t - (\frac{4}{3} nl) tt + (\frac{4}{3} nl)^2 t^3 - (\frac{4}{3} nl)^3 t^4$ &c.

dont la somme est $\frac{t}{1 + \frac{4}{3} nlt}$; ce qui s'accorde encore avec notre calcul, comme on le peut voir aisément, quoique nous ayons employé une méthode & des dénominations différentes.

Mais il n'en est pas de même dans le cas de la résistance comme le quarré de la vitesse plus une constante : car l'excès d'un Arc descendu sur l'Arc remonté suivant, étant $\frac{4ma}{g} + \frac{4}{3} ntt$, comme l'Auteur le trouve, & comme nous l'avons trouvé aussi, je ne vois pas comment l'Auteur en conclut, que $(t - \frac{4mla}{g})$: $(1 + \frac{4}{3} nlt)$ sera l'Arc remonté après un nombre d'oscillations $= l$; il me semble, au contraire, que suivant la Méthode très-courte & très-simple dont nous nous sommes servis, on aura (en conservant les noms donnés par l'Auteur) $l = \int \frac{-dt}{\frac{4ma}{g} + \frac{4}{3} ntt}$, ce qui est fort différent de la valeur de l qu'on tireroit de l'équation $(t - \frac{4mla}{g}) : (1 + \frac{4}{3} nlt) = r$, r exprimant l'Arc remonté.

SECTION IV.

Examen d'une hypothese qui conduiroit à des paradoxes singuliers sur la résistance des Fluides.

100. Tous les Auteurs qui ont traité jusqu'à présent du mouvement des Fluides renfermés dans des vases, ont pris pour hypothese, que toutes les parties du Fluide placées dans une même ligne horizontale ont la même vitesse verticale. Cette hypothese étant, ou du moins paroissant confirmée par l'expérience, m'avoit tellement séduit, que j'avois d'abord cru pouvoir en déduire la Théorie de la résistance des Fluides. Mais ayant fait attention aux calculs qui en résultent, j'ai remarqué qu'il y avoit un grand nombre de cas dans lesquels la résistance du Fluide seroit nulle suivant cette Théorie, & qu'elle conduisoit à beaucoup d'autres conséquences très-contraires à l'expérience. Il ne sera peut-être pas inutile d'exposer cela plus au long.

101. Soit un corps *ANB*, que je regarderai, pour plus de facilité, comme une surface plane, & dont je ne considérerai jamais ici qu'une moitié, parce que l'autre moitié est supposée semblable & égale à celle-là. Soit ce corps plongé dans un Fluide, lequel soit renfermé dans un vase cylindrique, dont *QV* soit un des parois. Que le corps se meuve de *B* vers *A*, & soit la droite *PNV* perpendiculaire à *AP*. Il est évident que le point *N* viendra en *n*, de maniére que l'espace

OANVQ diminuera d'une quantité $= AaNK = aA \times PN$. Donc les parties de Fluide renfermées dans *NV*, doivent nécessairement se mouvoir vers *ku*; donc si on suppose que la vitesse de toutes ces parties parallélement à *Vu*, est la même, toutes les parties *NV* parviendront dans la situation *ku* paralléle à *NV*, & on aura $NVuk = ANKa$. Donc $Vu = \frac{PN \cdot Aa}{NV}$. Soit donc *u* la vitesse du corps suivant *Aa*, $PN = y$, $PV = a$, & *v* la vitesse des particules *NV*, on aura $v = \frac{uy}{a-y}$: cela posé, je cherche de la maniére suivante la résistance du Fluide.

102. Soit *M* la masse du corps, *V* la vitesse imprimée au premier instant, *V'* la vitesse réelle qu'il doit avoir à cause de la résistance du Fluide. Donc au premier instant les particules rangées dans une ligne quelconque *NV*, se mouvront parallélement à *Vu* avec la vitesse $\frac{V'y}{a-y}$. Donc (*art.* 1) la pression de ces particules est la même, que si elles tendoient à se mouvoir avec cette même vitesse parallélement à *uV*: or dans ce cas la pression seroit (*art.* 23) $\delta \int y\,dx \frac{V'y}{a-y}$: donc $M\Delta . (V - V') = \delta V' \int \frac{ydx . y}{a-y}$; donc $V' = \frac{M . \Delta . V}{M . \Delta + \delta \int \frac{yydx}{a-y}}$. Donc puisque $M = \int y\,dx$, on aura

$V' = \frac{M \cdot V}{\int \frac{y a d x}{a - y}}$ en ſuppoſant $\Delta = \delta$. Or voici l'inconvénient de cette formule : c'eſt qu'au premier inſtant du mouvement, on a ſuivant l'expérience $V = V'$; & que ſuivant la formule, on n'a $V = V'$ que dans le cas où a eſt infiniment grande. Car alors $\int \frac{y a d x}{a - y} = \int y d x = M$: dans les autres cas, on a $\int \frac{y a d x}{a - y} > M$, & par conſéquent $V > V'$, & plus a ſera plus petit, plus V' ſera petite par rapport à V. Or je ne connois aucune expérience qui prouve que la viteſſe perdue au premier inſtant eſt d'autant plus grande, que le vaſe eſt plus étroit : il paroît même que la figure du vaſe ne contribue en rien, ou preſque en rien à la réſiſtance, parce que, comme on l'a prouvé plus haut, le mouvement que le corps communique aux particules du Fluide, s'étend à une fort petite diſtance autour de lui (*art.* 71 & 72.)

103. Je vais prouver maintenant, que dans les inſtans ſuivans, la réſiſtance du Fluide ſeroit abſolument nulle, ſi les parties contenues dans la ligne NV avoient toutes la même viteſſe parallèle à AP. En effet $\frac{u y}{a - y}$ étant la viteſſe des particules NV dans un inſtant quelconque dt, ces particules lorſqu'elles ſeront parvenues l'inſtant ſuivant dans la ſituation ku, auront la viteſ-

se $\frac{u'y'}{a-y}$, y' désignant la ligne pk, & u' la vitesse du corps dans ce second instant. Donc la pression sera la même, que si toutes les parties de la ligne NV étoient sollicitées parallélement à uV par une force égale à $\frac{\frac{u'y'}{a-y'} - \frac{uy}{a-y}}{dt}$. Or $u' = u + du$, $y - y' = pk - PN = (Nn + Vu) \times \frac{dy}{dx} = (udt + \frac{uydt}{a-y}) \times \frac{dy}{dx}$. Donc la pression suivant $AB = \delta \int y dx \times \frac{ydu}{(a-y)dt} + \delta \int \frac{au}{(a-y)^2 dt} \times (udt + \frac{uydt}{a-y}) \times \frac{dy}{dx} \times ydx = \frac{\delta du}{dt} \times \int \frac{yydx}{a-y} + \delta \int \frac{auuydy}{(a-y)^2} + \delta \int \frac{auuy^2dy}{(a-y)^3} = \frac{\delta du}{dt} \times \int \frac{yydx}{a-y} + \delta auu \int \frac{ady}{(a-y)^3} = \frac{\delta du}{dt} \times \int \frac{yydx}{a-y} + \frac{a^2 \delta uu}{2} \times (\frac{1}{(a-y)^2} - \frac{1}{a^2}) = \frac{\delta du}{dt} \times \int \frac{yydx}{a-y}$, parce que la seconde partie est $= 0$ lorsque $x = AB$. Donc $\frac{\delta du}{dt} \times \int \frac{y^2 dx}{a-y}$ est la pression du Fluide : donc si le vase est fort large, cette pression sera nulle, ou pourra être regardée comme nulle ; & si le vase n'est pas d'une grande étendue, on aura $\frac{M . \Delta . du}{dt} = \frac{\delta du}{dt} \times \int \frac{yydx}{a-y}$, ce qui est absurde 1°. parce que dans une infinité de cas $M \times \Delta$ ne sera point $= \delta \int \frac{yydx}{a-y}$: car $\int \frac{yydx}{a-y}$ dépend de la figure du vase; or la figure du vase n'influe nullement sur la quantité $\frac{M \cdot \Delta}{\delta}$ qui ne dépend que de la figure du corps, de sa densité, & de celle du Fluide. 2°. Quand même il arriveroit par hazard dans certains cas que $M \cdot \Delta$ fût $= \delta \int \frac{yydx}{a-y}$, alors on pourroit prendre *du* telle qu'on voudroit, & le Problême seroit indéterminé, ce qui est absurde encore; puisque le Fluide & le Corps mû étant donnés, la quantité de la résistance & la vitesse à chaque instant est nécessairement déterminée & non arbitraire.

SCHOLIE I.

104. Dans l'*art. précéd.* nous n'avons considéré que la vitesse des particules du Fluide parallele à AP. Mais nous aurions trouvé de même la résistance nulle, si nous eussions considéré la vitesse réelle des particules du Fluide, qui sont immédiatement contiguës à la surface du corps. Car supposons pour plus de facilité, que la Courbe ANB soit composée de deux parties semblables & égales AO, OB, & soit fait $AN = s$, & $\frac{ds}{dx} = Y$, cette quantité sera la même dans les points correspondans des Arcs AO, OB.

Maintenant, puiſque la viteſſe abſolue des particules du Fluide parallélement à *AP* eſt $\frac{uy}{a-y}$, & que la viteſſe du corps *ANB* dans un ſens contraire eſt u; il s'enſuit que leur viteſſe reſpective par rapport au corps, ſera $\frac{uy}{a-y} + u = \frac{au}{a-y}$, en tant que cette viteſſe eſt parallèle à *AP*. Donc la viteſſe de ces particules ſuivant la ſurface du corps, ſera $\frac{uaY}{a-y}$. Donc 1°. le corps eſt preſſé par le Fluide avec une force $= -\frac{\delta du}{dt} \times \mu$, laquelle agit ſuivant *AB*. 2°. La viteſſe perdue par le point *N* eſt $\frac{u'aY}{a-y} - \frac{uaY'}{a-y'} = \frac{aYdu}{a-y} + (\frac{audY}{(a-y)dy} + \frac{auY}{(a-y)^2}) \times (udt + \frac{uydt}{a-y}) \times \frac{dy}{dx}$, & pour le point *V* directement oppoſé à *N*, elle ſera $+ \frac{aYdu}{a-y} - (\frac{audY}{(a-y)dy} + \frac{auY}{(a-y)^2}) \times (udt + \frac{uydt}{(a-y)}) \times \frac{-dy}{dx}$. D'où il eſt aiſé de voir que la preſſion eſt la même, que ſi les points *N*, *V* étoient ſollicités par la ſeule force $\frac{adu}{dt} \times \frac{Y}{a-y}$. Donc la preſſion qui en réſulte ſera $\frac{adu \cdot \delta}{dt} \times \int \frac{dy}{ds} \int \frac{Yds}{a-y}$. On aura donc $-\mu \Delta du = -\mu \delta du +$

$a\delta du$

$a\delta du\int\frac{dy}{ds}\int\frac{Yds}{a-y}$: d'où l'on tire $du = 0$; & par conséquent la vitesse u constante, & la résistance nulle. Ce qui est absurde. Donc &c.

SCHOLIE II.

105. Il ne faut pas au reste conclure delà que l'hypothese qui vient d'être rejettée pour la recherche de la résistance des Fluides, doive l'être lorsqu'il s'agit de déterminer le mouvement d'un Fluide dans un vase. L'expérience qui doit être ici notre guide, prouve que dans ce dernier cas, la supposition dont il s'agit donne un résultat analytique assez conforme à l'observation, au lieu que dans le premier cas le résultat du calcul donne la résistance nulle : ce qui est absolument contraire à l'expérience. Au reste, nous aurons occasion plus bas d'examiner par nos Principes les loix du mouvement d'un Fluide dans un vase.

SECTION V.

De la résistance des Fluides non élastiques & finis.

106. Nous avons vu (*art.* 82) que cette résistance a lieu, quand un corps plongé dans un Fluide à peu de distance de la surface supérieure de ce Fluide, s'éleve en enhaut, & tend à se mouvoir vers cette surface. Car si le corps étoit profondément plongé dans

le Fluide, & que le Fluide ne fût pas élaſtique, alors il ne ſe feroit aucun vuide derriere le corps, quelque grande que fût ſa viteſſe. En effet, quelle que ſoit la viteſſe, la communication du mouvement ſe fait toujours (*art.* 85 *n°.* 4) au même nombre de parties; or quand la viteſſe eſt fort petite, l'expérience prouve que les parties auxquelles le corps communique du mouvement ſont en petit nombre, & qu'elles ſont fort proches du corps. Donc le mouvement communiqué au Fluide, ne ſauroit s'étendre dans le cas dont il s'agit juſqu'à la ſurface ſupérieure du Fluide; or pour qu'il ſe faſſe un vuide derriere le corps, quand le Fluide n'eſt pas élaſtique, il faut que le mouvement s'étende juſqu'à cette ſurface, & que la partie de la ſurface qui eſt perpendiculairement au-deſſus du corps, s'éleve un peu au-deſſus du niveau.

Delà il s'enſuit, que même dans les cas où il ſe fait un vuide derriere le corps, les parties auxquelles le mouvement ſe communique ne ſont pas fort éloignées du corps, & qu'ainſi on pourroit par cette ſeule raiſon ſe contenter d'avoir égard aux parties contiguës à la ſurface du corps, ſi cela ne s'enſuivoit pas d'ailleurs des *art.* 1, 21, & 22.

107. Or avant que de déterminer la réſiſtance pour ce cas-là, nous remarquerons que le nombre de particules auxquelles le corps communique du mouvement n'eſt pas ici toujours le même, comme dans le cas où il ne ſe fait point de vuide derriere le corps.

Car la propoſition d'où nous avons déduit ce Theorême dans l'*art.* 8, n'a lieu que quand les particules du Fluide ne ſont ſollicitées par aucune force accélératrice, ou du moins par une force accélératrice telle, que ſon effet ſoit nul; ce qui arrive quand il ne ſe fait aucun vuide derriere le corps, parce qu'alors (*art.* 85 *n°.* 3) l'effet de la compreſſion eſt nul. Il n'en eſt pas de même quand il ſe fait un vuide, parce qu'alors la viteſſe avec laquelle les parties du Fluide tendent à ſe mouvoir en vertu de leur compreſſion, doit ſe combiner avec celle que le corps leur communique, ou immédiatement, ou par le moyen des autres parties.

108. Maintenant, pour déterminer la réſiſtance, il faut obſerver 1°. que le vuide qui ſe fera derriere le corps ſera d'autant plus grand, que la viteſſe du corps ſera plus grande par rapport à celle avec laquelle les particules du Fluide s'élanceroient dans un eſpace vuide en vertu de leur compreſſion: 2°. que ces particules étant comprimées ſuivant des lignes perpendiculaires à la ſurface du corps, doivent s'élancer dans cette même direction; deſorte que ſi le corps ſe meut, par exemple, ſuivant *CA*, (Figure 25) la particule placée en *O* derriere le corps, ſera mue ſuivant *OG* perpendiculaire à la ſurface du corps. Ainſi la viteſſe ſuivant *OG*, quand la particule ne quitte point le corps, eſt à la viteſſe du corps ſuivant *CA*, comme dy à ds. Si donc *V* eſt la viteſſe que la compreſſion des par-

ticules du Fluide doit leur donner, on aura V à u, comme dy à ds, & le vuide commencera à se faire derriere le corps dans le point où $\frac{V}{u}$ sera $= \frac{dy}{ds}$: de-là il s'ensuit qu'il n'y aura point de vuide si $V = u$, ou si $V > u$; qu'il n'y en aura que quand V sera $< u$; & que ce vuide sera d'autant moindre, toutes choses d'ailleurs égales, que u sera plus petite. Car plus u sera petite, plus le rapport $\frac{V}{u}$ approchera de l'unité; donc plus aussi le point où $\frac{dy}{ds} = \frac{V}{u}$ sera proche du point C, puisque $\frac{dy}{ds} = 1$ en C, & $= 0$ en D.

PROPOS. XV. PROBLÊME.

109. *Trouver la résistance d'un Fluide pesant, comprimé, d'une étendue finie, & non élastique.*

Soit O le point où $\frac{dy}{ds} = \frac{V}{u}$; $DK = b$; $KV = Z$, les parties ADC & Adc étant supposées semblables & égales; enfin soit Ψ la force qui comprime les particules du Fluide, la compression sur la partie $odADO$ suivant AC sera $= \Psi\delta\pi ZZ$: or on peut supposer $\Psi = p\xi$, c'est-à-dire égale à la pression d'un Fluide dont la gravité seroit p & la hauteur ξ, auquel cas on aura par les loix de l'Hydrodynamique $V = \sqrt{[2p\xi]}$; car un Fluide comprimé par une force $\Psi\delta = p\delta\xi$

s'échappe avec une vitesse $= \sqrt{[2p\xi]}$, c'est-à-dire avec une vitesse = à celle qu'un corps de pesanteur p acquereroit en tombant de la hauteur ξ. Outre cela, la pression suivant CA venant de la pesanteur du Fluide, sera $\delta g \times (ArN + NVODN)$ (†) qu'il faudra retrancher de la pesanteur $g\mu\Delta$ du corps.

A l'égard de la partie de la résistance du Fluide qui vient de l'inertie, on prouvera, comme on l'a fait *article* 55, que la partie $-\frac{du}{dt}$ sera multipliée par un coefficient = 0, & qu'il ne restera que la partie $\varphi uu\delta$. Donc en négligeant le frottement & la ténacité des parties, on aura $-\mu\Delta\frac{du}{dt} = \varphi u^2\delta dt - \delta g(ArN + NVODN) + (\mu\Delta g)\, dt + \pi p\xi\delta ZZ\, dt$, équation de laquelle on ne sauroit déduire la valeur de u en t, parce que les quantités ArN, $NVODN$, & Z, sont variables & dépendent de la position du point O, laquelle dépend elle-même de u. Mais on peut du moins avoir toujours la valeur de t en u, ce qui revient à peu près au même.

(†) Remarquez que par Arn & $NVODN$, nous entendons ici les solides engendrés par la révolution de ces figures autour de l'Axe AC.

SCHOLIE I.

110. Si la pression Ψ provenoit de la pesanteur seule des parties du Fluide, alors il faudroit supprimer le terme $\pi p \xi ZZ \delta dt$ dans l'équation précédente.

SCHOLIE II.

111. Voici comme on déterminera la quantité φ. Il est visible qu'elle est égale à la valeur de $\int 2\pi y dy (1 - pp - qq)$ lorsque $y = OL$, cette valeur étant $= 0$ en quelque point de la Courbe *ADO* qui répond au point *M* de la Figure 13; or pour trouver ce point, soient *A* & *B* l'abscisse & l'ordonnée qui y répondent, on cherchera la quantité qui doit multiplier $-\frac{du}{dt}$ dans la formule de la pression du Fluide, & comme cette quantité doit être $= 0$, on aura par-là les inconnues *A* & *B*; & par conséquent la valeur de φ.

SECTION VI.

De la résistance des Fluides élastiques.

112. Les Fluides dont nous avons traité jusqu'ici, ont été supposés incapables d'occuper un espace plus grand ou plus petit par l'action de quelque force que ce soit: desorte que si un corps se meut dans un tel Fluide d'une étendue indéfinie, il ne se fait jamais

derriere le corps aucun vuide, & que le Fluide reste toujours de la même densité auprès du corps.

113. Il n'en est pas de même lorsque le Fluide est élastique. Car quand un corps se meut dans un tel Fluide, le Fluide se dilate à la partie postérieure du corps, & se condense à la partie antérieure; & la condensation d'une part & la dilatation de l'autre, sont d'autant plus grandes que le corps se meut avec plus de vitesse. De plus, ni la condensation ni la dilatation ne sont les mêmes dans tous les points de la surface tant antérieure que postérieure. Car soit par ex. un Globe qui se meuve dans un Fluide élastique, & soit imaginée par le centre de ce Globe une ligne paralléle à la direction du Globe, il est évident que la compression du Fluide est la plus grande à l'extrémité antérieure de ce diamétre, & que la dilatation est la plus grande à l'extrémité postérieure; d'où il s'ensuit que la compression & la dilatation seront d'autant plus petites dans un point quelconque de la surface, que ce point sera plus éloigné des extrémités du diamétre supposé; de-sorte que dans la ligne qui est moyenne entre la surface antérieure & la postérieure, c'est-à-dire dans le grand Cercle qui est éloigné de 90°. desdites extrémités il n'y a aucune compression ni aucune dilatation, ce qu'on peut encore prouver de la maniére suivante. Puisque la condensation du Fluide se fait à la partie antérieure du corps, & que sa dilatation se fait à la partie postérieure, & que rien ne se fait dans la nature que

par degrés inſenſibles, le Fluide contigu au corps doit paſſer de l'état de condenſation à celui de dilatation par des degrés inſenſibles. Donc depuis le point où la condenſation eſt la plus grande, elle doit décroître, juſqu'au point où la condenſation eſt changée en dilatation; & par conſéquent le Fluide ne doit être ni dilaté ni comprimé en ce dernier point.

114. Cela poſé, le Fluide ſe dilate à la partie poſtérieure, parce que le mouvement du corps laiſſe derriere ce corps un eſpace vuide dans lequel le Fluide s'élance avec d'autant plus de viteſſe que ſa compreſſion eſt plus grande.

Donc, comme *M. Robins* l'a remarqué le premier, ſi la viteſſe du corps eſt plus grande que celle avec laquelle le Fluide peut s'élancer dans un eſpace vuide, il reſtera néceſſairement un eſpace vuide derriere le corps. De cette conſidération *M. Robins* conclut avec raiſon, que les loix de la réſiſtance des Fluides élaſtiques doivent être fort différentes de celles de la réſiſtance des Fluides non élaſtiques, ſur-tout dans les cas où il ſe fait un vuide derriere le corps. Car, comme l'obſerve très-bien *M. Robins*, ſi la réſiſtance d'un Fluide non continu, & compoſé de parties éloignées les unes des autres, eſt plus grande que celle d'un Fluide continu, c'eſt que dans un Fluide continu il ſe fait derriere le corps un reflux de particules par une eſpece de mouvement circulaire, ce qui contribue à diminuer la réſiſtance du Fluide ſur la ſurface antérieure : de-là il conclut

conclut que dans un Fluide élaſtique, lorſqu'il ſe fait un vuide derriere le corps, la réſiſtance eſt beaucoup plus grande que dans un Fluide continu, parce que le mouvement & le reflux circulaire des parties ne peut alors avoir lieu. Or, ſelon *M. Newton*, la réſiſtance qu'un Fluide non continu fait à un cylindre qui s'y meut, eſt quadruple de la réſiſtance qu'un Fluide continu fait au même cylindre : de plus, la réſiſtance qu'un Fluide continu fait à un Globe, eſt égale à celle du même Fluide au cylindre : enfin la réſiſtance qu'un Fluide non continu fait à un Globe, eſt la moitié de celle que le même Fluide fait à un cylindre.

Donc, conclut *M. Robins*, l'intenſité de la réſiſtance de l'air à un boulet de canon, lorſqu'il ſe fait un vuide derriere ce boulet, eſt deux fois plus grande (abſtraction faite de la viteſſe) qu'elle ne l'eſt dans les cas où il ne ſe fait point de vuide ; & comme outre cela le Fluide ſe condenſe beaucoup à la partie antérieure, dans le cas où il ſe fait un vuide, *M. Robins* juge que la réſiſtance augmente tellement par cette circonſtance, que l'intenſité de la réſiſtance de l'air à un boulet de canon mû très-rapidement, eſt ſelon lui, triple de ce qu'elle ſeroit, ſi le boulet ſe mouvoit avec une viteſſe médiocre, enſorte qu'il ne ſe fit derriere lui aucun vuide. Cette propoſition, ou, ſi on aime mieux, cette conjecture, paroît confirmée par des expériences que *M. Robins* a faites. Mais comme il n'a point donné d'autre Théorie ſur ce ſujet, j'ai cru qu'il ne seroit pas inutile d'exposer ici quelques vûes sur cette matiére. Comme l'air est le seul Fluide élastique que nous connoissions, je ne traiterai ici que de la résistance de l'air.

OBSERVATIONS.

115. L'air dans son état naturel, est comprimé par une force égale à celle d'une colonne d'eau d'environ 32 pieds. Or l'air est environ 800 fois plus rare que l'eau. Donc l'air dans son état naturel est comprimé par une force égale à une colonne d'air d'environ 32×800 pieds. Donc si l'air comprimé par cette force s'élançoit dans un espace vuide, sa vitesse seroit celle qu'un corps pesant acquereroit en tombant d'une hauteur de 32×800 pieds. Or un corps pesant parcourt 15 pieds par seconde; donc en une seconde il parcoureroit 30 pieds d'un mouvement uniforme. Donc l'air mû avec la susdite vitesse, parcoureroit en une seconde un espace $= 30$ pieds $\times \frac{\sqrt{[32 \times 800]}}{\sqrt{[15]}} =$ $2\sqrt{15} \times \sqrt{[8.8.4.100]} = 2\sqrt{15}.8.2.10$ $= 328\sqrt{15} = 320 \times \sqrt{[16-1]} = 320\left(4 - \frac{1}{8}\right)$ $= 1280 - 40 = 1240$ pieds. Donc pour qu'il se fasse un vuide derriere le corps, il faut que sa vitesse soit plus grande que de 1240 pieds par seconde.

2°. Soit δ' la densité de l'air dans son état naturel, δ, sa densité dans un autre état, l'expérience fait voir qu'on peut supposer assez exactement la compression de l'air en raison directe de sa densité : donc la compression sera $\frac{32 \cdot 800 \cdot \delta}{\delta}$. Mais la vitesse avec laquelle l'air s'élancera dans un espace vuide sera toujours égale, quelle que soit la densité δ, à celle qu'un corps pesant acquereroit en tombant de la hauteur de 32×800 pieds, c'est-à-dire qu'elle sera toujours de 1240 pieds par seconde. Car quand l'air est d'une densité $= \delta$, sa compression est égale au poids d'une colomne de 32×800 pieds & de la densité δ.

3°. Soit un corps $DAdC$ (Fig. 26) qui se meuve dans un Fluide élastique, desorte qu'il parvienne de $DAdC$ en $D'a'd'c$; il est évident par tout ce qui a été dit dans l'*art.* 113, que la plus grande compression du Fluide sera en A, la plus grande dilatation en C, & qu'en D il n'y aura ni compression ni dilatation. Donc si on mene Nn paralléle & égale à Aa, & NV perpendiculaire à AD, il est évident que la compression sera d'autant moindre que la ligne NV sera plus petite : outre cela, la compression en A est d'autant plus grande que la vitesse est plus grande ; c'est pourquoi, nommant comme ci-dessus δ' la densité de l'air dans son état naturel, u la vitesse du corps, c'est-à-dire du point A, on ne s'écartera, ce me semble, pas beaucoup de la vérité, en supposant la densité en $A =$ $\delta' \left(1 + \frac{nu}{G}\right)$ G désignant une certaine vitesse connue qui rende la densité $\delta = \delta' + n\delta'$. Par la même raison la densité en N sera $\delta'(1 + \frac{nu}{G} \times \frac{NV}{Aa}) = \delta' \times (1 + \frac{nu}{G} \times \frac{dy}{ds})$; & cette densité qui est plus grande que la densité naturelle dans la partie DAd, deviendra moindre dans la partie DCd où $\frac{dy}{ds}$ est négative.

4°. La particule d'air qui est en O, tend à se mouvoir, quelle que soit sa densité δ, avec une vitesse de 1240 p. par seconde. Donc pour trouver la partie OCo que le Fluide ne touche point, il n'y a qu'à chercher le point O ou $-\frac{n\,dy}{ds} = 1240$ pieds ; problême facile à résoudre, sur-tout quand la figure est un Globe.

Ceci bien entendu, voici de quelle maniére on cherchera la résistance des Fluides élastiques, dans le cas où il ne se fait point de vuide derriere le corps ; & dans ceux où il se fait du vuide.

Principes nécessaires pour déterminer la pression d'un Fluide élastique.

116. Les parties du Fluide qui se meuvent à la surface antérieure DAd, peuvent, ainsi que dans le cas des Fluides non élastiques, être regardées comme ayant à la fois deux vitesses, dont l'une que j'appelle u est égale & paralléle à la vitesse du corps, & l'autre est

composée des deux vitesses respectives uq, up, dont l'une est parallèle à AC, & l'autre à Dd; q & p étant des fonctions de x & de z. Outre cela, la densité δ est encore une fonction de x & de z. Donc si on considère ici comme dans la Figure 19 les points N', N, B', B, C', C, D', D qui forment un parallélepipede rectangle infiniment petit, & qui soient proches de la surface du corps, la densité δ, après que le point N est parvenu en n, deviendra, $\delta + \frac{d\delta}{dx} . uqdt + \frac{d\delta}{dz} \times updt$, & le parallélepipede rectangle $NN'B'BD$. $D'C'CN$ dont la masse est $\alpha \epsilon k \delta$, se changera en un autre dont la masse sera $(\alpha + \frac{\alpha dp}{dz} . udt) \times (\epsilon + \frac{\epsilon dq}{dx} . udt) \times (k + \frac{kpdt}{dz}) \times (\delta + \frac{d\delta}{dx} \times uqdt + \frac{d\delta}{dz} \times updt)$: or ce second parallélepipede doit être égal en masse au premier. Donc on aura $\delta(\frac{dp}{dz} + \frac{dq}{dx} + \frac{p}{z}) + \frac{qd\delta}{dx} + \frac{pd\delta}{dz} = 0$; c'est-à-dire $\frac{d(\delta p)}{dz} + \frac{d(\delta q)}{dx} + \frac{\delta p}{z} = 0$.

Outre cela, on trouvera (*article* 86) que la force suivant NC qui doit être détruite, est $\frac{du}{dt} - \frac{qdu}{dt} - u^2Aq - u^2pB$, & que la force qui doit être détruite suivant NB, est $- \frac{pdu}{dt} - u^2pA' - u^2qB'$. Donc (*art.* 19 & 20) on aura $\frac{du}{dt} \times \frac{d(\delta - \delta q)}{dz} - \frac{u^2 d(\delta q A + \delta p B)}{dz}$

$$+ \frac{du}{dt} \times \frac{d(\delta p)}{dx} + \frac{u^2 d(\delta q A' + \delta p B')}{dx} = 0.$$

117. Pour faire usage de cette équation, on n'a qu'à supposer $\delta = u, X$, c'est-à-dire = à une fonction de x & de u, ensorte que $\frac{d\delta}{dz} = 0$, & les équations restantes seront précisément semblables à celles de l'*art.* 87 ; desorte qu'il ne faudra plus que déterminer δp & δq par la même Méthode qu'on a employée *art.* 61 pour déterminer p & q. Ces quantités étant trouvées, on observera que $\delta = \delta' (1 + \frac{nudy}{ds})$, & mettant pour $\frac{dy}{ds}$ sa valeur en x que je suppose ξ, & qui est donnée par l'équation de la Courbe, on aura $\delta = \delta' (1 + nu\xi)$; donc $u, X = \delta' (1 + nu\xi)$: connoissant donc δ, & ayant trouvé δp & δq, on aura p & q. Et au moyen de ces quantités & de la Méthode de l'*article* 66, on déterminera la pression du Fluide à chaque instant, & par conséquent sa résistance.

Dans le cas où il doit se faire un vuide derriere le corps, on employera une Méthode analogue à celle de la Section 5e.

Au reste, d'autres hypotheses plus vraies sur la valeur de δ rendroient le calcul encore plus compliqué ; & tout ceci n'est qu'un leger essai.

CHAPITRE VI.

Des Oscillations d'un corps qui flotte sur un Fluide.

ARTICLE PREMIER.

Des Oscillations rectilignes.

118. SOIT un corps *DAd* (Figure 27) composé de deux parties égales & semblables, placées de part & d'autre de l'Axe *AC*, & que pour plus de facilité nous considérerons comme une figure plane; imaginons que ce corps soit posé sur la surface *QV* d'un Fluide en repos, ensorte que l'Axe *AC* soit vertical, & que la partie *KAN* plongée dans le Fluide soit tant soit peu moins pesante qu'un égal volume de Fluide, on demande la loi des Oscillations de ce corps.

1°. On trouvera par la Méthode de l'*art.* 86, que les parties du Fluide outre la vitesse qui leur est commune avec le corps, auront une vitesse respective composée de deux vitesses partielles up & uq. 2°. Le coefficient de $\frac{du}{dt}$ dans la formule de la pression du Fluide sur le corps sera nul, par les mêmes raisons qui ont été déja exposées. Il ne restera donc dans la formule de la pression que le terme qui vient de la pesanteur du corps, & celui qui renfermera le quarré uu. Or comme la viteſſe eſt ici fort petite, parce que les Oſcillations ſont fort petites, il eſt permis de négliger ce dernier terme, deſorte que ſi on appelle δ la denſité du Fluide, μ la maſſe du corps, P la partie qui eſt plongée dans l'inſtant dt, & p la gravité, on aura $\frac{du}{dt} = \frac{\mu \Delta p - P \delta p}{\mu \Delta}$. On pourra, au moyen de cette formule, réſoudre aiſément le Problême. *M. Bernoulli* en a donné dans le to. 4. de ſes Œuvres une ſolution qu'on peut conſulter ; d'ailleurs on la trouvera dans l'*article* ſuivant. Mais il étoit néceſſaire pour l'exactitude de cette ſolution, de démontrer que la preſſion du Fluide en ce cas vient de ſa ſeule gravité, & que l'inertie doit être comptée pour rien ; ce que perſonne n'avoit encore prouvé.

ARTICLE II.

Des Oſcillations curvilignes.

119. Les Oſcillations d'un corps qui flotte ſur un Fluide, ne ſont rectilignes que dans un cas, ſavoir dans celui, où le centre de gravité de la maſſe totale, & celui de la partie ſubmergée ſont dans une même ligne droite verticale. S'ils ne ſont point dans cette ligne droite, alors l'action du Fluide pour ſoulever le corps, laquelle agit ſuivant une ligne qui paſſe par le centre de gravité de la partie ſubmergée, ne paſſe plus par le centre de gravité du corps. Ainſi ſelon les princi-

pes

pes de la Dynamique, le centre de gravité doit s'élever de bas en haut dans une ligne verticale, tandis que le corps tourne autour de ce même centre. Pour rendre cela plus sensible, soit une puissance qui agisse suivant la ligne gf (Fig. 28), je dis que le centre de gravité du corps se mouvra suivant une ligne paralléle à gf, avec la même vitesse, que si la direction gf de la puissance eut passé par le centre de gravité, & que ce corps tournera en même temps autour de son centre de gravité, avec la même vitesse que si le centre étoit fixe, & que la puissance eût la direction gf.

120. Soit donc C le centre de gravité du corps; BOD la partie submergée, $BA = b$, $AD = a$, E le point milieu de BD, G le centre de gravité de la partie BOD, $CF = \beta$, α la quantité de l'espace que le centre C parcourt verticalement: on trouvera $AE = b - \frac{a+b}{2}$, & $EI = b - \beta - \frac{a+b}{2}$: soit aussi N le poids de la partie submergée BOD; ce poids décroît de la quantité $\alpha\,(a+b)$ quand le centre C parcourt de bas en haut l'espace α, desorte que le centre de gravité G parvient en un autre point g, tel que $EG : Gg :: N : \alpha\,(a+b)$; donc Ii ou $Ff \times N = EI \times \alpha\,(a+b)$: donc $Ff = \frac{\alpha(a+b)}{N} \times \left(\frac{b}{2} - \frac{a}{2} - \beta\right)$.

121. Maintenant, supposons que le corps tourne autour du centre C de D vers Q, ensorte que l'angle

décrit du rayon $= 1$ dans le temps t soit $= \varepsilon$, alors, la ligne Cg étant presque verticale, il est visible que par ce mouvement de rotation, le centre g avancera horizontalement d'une quantité $= \varepsilon\,(CA + ig) = \varepsilon \times (e + f)$ en nommant CA, e, & $GI = f$. De plus, Soit l'angle ACa (Figure 29) $= \varepsilon$, $Ca = CA - a$ ou CA, ce qui revient au même ici, & bad perpendiculaire à Ca; BDd deviendra la partie submergée. Soit ensuite $BQ = \frac{1}{3}\,b$, ensorte que Q soit le centre de gravité du secteur $BN\mathcal{E}$, & si l'on fait $Ai = \beta'$, on trouvera que la distance du centre de gravité de la partie bND à la ligne CA est à très-peu près $\beta' - \frac{2}{3}\,b \times \frac{\varepsilon bb}{2 . N}$, parce que $\frac{\varepsilon bb}{2}$ représente le secteur BNb. De même à cause du secteur dND, la distance du centre de gravité de la partie BDd à la ligne CA, sera $\beta' - \frac{2}{3}\,b \times \frac{\varepsilon bb}{2N} - \frac{2}{3}\,a \times \frac{\varepsilon aa}{2N}$: donc puisque $\beta' = Ai =$ (Fig. 28) $CF - fF = \beta - \frac{a\,(a + b) \times \left(\frac{b}{2} - \frac{a}{2}\right)}{N}$, il s'ensuit que quand bd (Fig. 29) est dans la situation horizontale, la distance du centre de gravité de la partie bOd à la ligne CA, est $\varepsilon\,(e + f) + \beta - \frac{a\,(a + b) \times \left(\frac{b - a}{2}\right)}{N} - \frac{b^3\varepsilon}{3N} - \frac{\varepsilon a^3}{3N}$:

& comme dans cette quantité, u & t sont des variables, on peut mettre y au lieu de u, & x au lieu de t. Maintenant, la force qui éleve le corps en enhaut est $p\delta\, [N - y\, (a + b) - \frac{bbx}{2} + \frac{aax}{2}]$; car la partie submergée, quand le centre C a parcouru verticalement l'espace y, & que le corps a tourné de la quantité x, est $N - y \times (a + b) - \frac{bbx}{2} + \frac{aax}{2}$; or il faut retrancher de cette force le poids $p\Delta\,.\,M$ du corps. Donc on aura cette premiere équation : $\frac{M\,.\,\Delta\, ddu}{dt^2} =$

$$p\delta\,[N - y\,(a + b) - \frac{bbx - aax}{2}] - p\Delta\,.\,M.$$

122. Soit de plus $\Delta\,.\,G$ la somme des produits de chaque particule du corps par le quarré de leur distance au centre de gravité C, & on aura $\frac{\Delta\,.\,G\,ddx}{dt^2} =$ au produit de la force qui tend à élever le corps, & de la distance de CA au centre de gravité de la partie submergée; car la direction de cette force passe par ce centre de gravité. On aura donc $\frac{\Delta\,.\,G\,ddx}{dt^2} = p\delta\, N\, dt \times$

$$\left[\frac{6 - y\,(a + b) \times (\frac{b - a}{2}) - \frac{b^3x}{3} - \frac{a^3x}{3} +}{N}\right.$$

$x\,(e + f)\,]$: seconde équation, qui avec la précédente servira à déterminer les quantités x, & y, comme nous le ferons voir dans un moment.

123. Soit a l'espace qu'un corps pesant parcourt dans le temps θ, & $N\delta - \Delta . M = k\Delta . M$; on aura

$$ddy = \frac{2adt^2}{\theta^2}\left(k - \frac{\delta y(a+b)}{\Delta . M} - \frac{\delta bbx}{2\Delta . M} + \frac{\delta aax}{2\Delta . M}\right),$$

& $ddx = \frac{2adt^2}{\theta^2} \times \frac{\delta}{\Delta . G} \times \left(N\mathsf{G} - y\left(\frac{bb - aa}{2}\right) - \frac{b^3 x}{3} - \frac{a^3 x}{3} + Nx\,[e + f]\right)$.

Avant que d'en venir à l'intégration de ces équations, nous remarquerons que le célébre *J. Bernoulli* dans la solution qu'il a donnée de ce Problême, n'a eu égard qu'au cas où le centre C est immobile, ou $b = a$, & où la partie submergée est toujours du même volume. D'où l'on a $y = 0$, $k = 0$, & $ddx = \frac{2adt^2}{\theta^2} \times \frac{\delta}{\Delta . G} \times \left[\mathsf{G}N - \frac{b^3 x}{3} - \frac{a^3 x}{3} + xN(e + f)\right]$. Or un pendule qui seroit d'une longueur $= 1$, auroit un mouvement déterminé par l'équation $ddx = \frac{2adt^2}{\theta^2}(\varphi - x)$, φ étant l'angle initial du pendule avec la verticale; & un pendule qui seroit d'une longueur l, & isochrone au corps oscillant, donneroit pour l'équation de son mouvement $lddx = \frac{2adt^2}{\theta^2}(\pi - x)$ ou $ddx = \frac{2adt^2}{\theta} \times \left(\frac{\pi}{l} - \frac{x}{l}\right)$; d'où l'on tire $\frac{1}{l} = \frac{\delta}{\Delta . G} \times \frac{b^3 + a^3}{3} - N(e+f)$;

ce qui s'accorde, comme on peut le voir aisément, avec la formule de *M. Bernoulli*, dans laquelle $e+f$ est négative : la quantité qu'il appelle $\int \delta rrp$ est ici $\Delta . G$, & celle qu'il appelle $gV = gN\delta$. Mais il est évident que nos formules sont beaucoup plus étendues ; & qu'elles peuvent servir à déterminer généralement les oscillations fort petites d'un corps flottant. Je dis *fort petites* ; car les oscillations peuvent être fort grandes, quoique la distance initiale CF (Figure 28) soit très-petite ; ce qui arriveroit par exemple, si le corps QDO étoit une Ellipse dont le grand Axe fût presque vertical à la surface du Fluide.

124. Maintenant, pour intégrer les deux équations qui donnent le mouvement oscillatoire, qu'on se propose d'intégrer en général ces deux-ci qui sont beaucoup plus générales, $ddx + Axdt^2 + Bydt^2 + Mdt^2 = 0$, & $ddy + Cydt^2 + Dxdt^2 + Pdt^2 = 0$, dans lesquelles M & P soient des constantes, ou des fonctions de t, & A, B, C, D des coefficiens constans quelconques ; on multipliera la seconde de ces équations par un coefficient indéterminé ν, ensuite on l'ajoutera avec la premiere, puis on supposera $x + \nu y$ proportionnelle à $Ax + D\nu x + By + C\nu y$, c'est-à-dire $A + D\nu = \frac{B + C\nu}{\nu}$, & delà on tirera une équation qui fournira deux valeurs de ν, que j'appelle ν' & ν'' : maintenant soit $x + \nu' y = u$, & $x + \nu'' y = z$, & les équations ajoutées se changeront en celles-ci,

$ddu + (A + Dv') u dt^2 + \Gamma dt^2 = 0,$
& $ddz + (A + Dv'') z dt^2 + \varrho dt^2 = 0,$
Γ & ϱ étant des fonctions de t ou des constantes.

Or il est facile d'intégrer chacune de ces équations par des Méthodes connues. Voyez les Mém. Acad. des Sciences de Paris 1745, & de Prusse 1748. C'est pourquoi je ne m'arrête pas davantage sur ce sujet, me contentant d'avoir réduit le Problême au calcul.

SCHOLIE I.

125. Si b, & a étoient à peu près égales, alors les équations deviendroient beaucoup plus simples, car on auroit $ddy = \frac{2a\,dt^2}{t^2}\left(k - \frac{\delta y(a+b)}{\Delta . M}\right)$, & $ddx = \frac{2a\,dt^2}{\theta^2} \times \frac{\delta}{\Delta . G} \times \left[N\mathfrak{G} - \frac{b^3 x}{3} - \frac{a^3 x}{3} + Nx(e+f)\right]$, équations qui s'intégreront séparément. Si dans la 2de de ces équations le coefficient de x est positif, c'est-à-dire, si $N(e+f) > \frac{b^3+a^3}{3}$, c'est-à-dire $> \frac{2a^3}{3}$, la valeur de x ne contiendra plus d'Arcs de cercle, & les oscillations ne seront plus infiniment petites.

C'est pour cela qu'une Ellipse dont le grand Axe seroit presque vertical à la surface du Fluide, ne sauroit faire de petites oscillations. Car supposons d'abord que cette Ellipse soit un cercle, & que $b = a$, on aura $N(e+f) = \frac{2a^3}{3}$, comme il est aisé de le prouver par les Principes de ſtatique. Si la figure eſt une Ellipſe dont le petit Axe ſoit au grand, comme ϱ eſt à 1, & que le grand Axe ſoit à peu près vertical, on aura $N(e+f) = \frac{\varrho \cdot 2a^3}{3 \cdot \varrho^3}$, & par conſéquent $N(e+f) > \frac{2a^3}{3}$. Au contraire, ſi c'eſt le petit Axe qui ſoit preſque vertical, alors on a $N(e+f) = \frac{\varrho^3 \cdot 2a^3}{3 \cdot \varrho}$, & par conſéquent $N(e+f) < \frac{2a^3}{3}$: donc alors les oſcillations ſont petites, & la ſolution n'eſt bonne que pour ce cas.

SCHOLIE II.

126. J'ai ſuppoſé juſqu'ici que le Fluide étoit indéfini, enſorte que ſa ſurface ne montoit point avec celle du corps, mais reſtoit toujours au même niveau. Mais ſi le Fluide étoit renfermé dans un vaſe fini, voici comment il faudroit alors réſoudre le Problême.

On a trouvé que ſi la ſurface Fluide reſtoit toujours au même niveau, la partie du ſolide ſubmergée à la fin du temps t ſeroit $N - y(a+b) - \frac{bbx - aax}{2}$. Donc ſi on nomme k' la largeur du Fluide à ſa ſurface, le Fluide doit s'abbaiſſer à la fin du temps t d'une quantité $= \frac{y(a+b) + \frac{bbx - aax}{2}}{k' - a - b}$: donc la partie plongée deviendra $N - y(a+b) - \frac{bbx - aax}{2} -$

$$\frac{y(a+b)^2 - \frac{x(a+b)^2.(b-a)}{2}}{k'-a-b} = N - \frac{k'v(a+b)}{k'-a-b} - \frac{k'x(bb-aa)}{k'-a-b}$$

; & la diſtance du centre de gravité à la ligne CF devra être diminuée de la quantité $\frac{y(a+b)^2 \times \left(\frac{b-a}{2}\right)}{(k'-a-b).N} + \frac{\frac{x}{2}(a+b)^2 \times \frac{(b-a)^2}{2}}{(k'-a-b).N}$; d'où il s'enſuit que cette diſtance deviendra $= x(e+f) + \mathcal{G} - \frac{y(b^2-a^2).k'}{2N(k'-a-b)} - \frac{x}{4} \times \frac{(bb-aa)^2}{N(k'-a-b)} - \frac{b^3x+a^3x}{3N}$: on aura donc

$$ddx = \frac{2adt^2}{\theta^2} \times \frac{\delta}{\Delta.G} \times \left[N\mathcal{G} - \frac{y(b^2-a^2)k'}{2(k'-a-b)} - \frac{b^3x}{3} - \frac{a^3x}{3} - \frac{x}{4}\,\frac{(bb-aa)^2}{k'-a-b} + Nx(e+f)\right],$$

& $ddy = \left(k - \frac{\delta y(a+b).k'}{\Delta.M.(k'-a-b)} + \frac{\delta k'x(bb-aa)}{2\Delta M(k'-a-b)}\right) \times \frac{2adt^2}{\theta^2}$.

Si le corps ne doit faire que des oſcillations rectilignes, en ce cas $x = 0$, & on a $ddx = \frac{2adt^2}{\theta^2} \times \left(k' - \frac{\delta y(a+b)k'}{\Delta.M(k'-a-b)}\right)$.

SCHOLIE III.

127. Juſqu'ici nous n'avons conſidéré que des figures planes. Voyons maintenant quelles doivent être les oſcillations d'un ſolide, & prenons d'abord des ſolides

ſolides de révolution. Il eſt facile de voir en premier lieu, que le centre de gravité du ſolide & celui de la partie enfoncée ſeront toujours dans un même plan paſſant par l'Axe : par conſéquent les oſcillations ſe feront toujours dans un même plan paſſant par l'Axe du corps & perpendiculaire à la ſurface du Fluide. Or cela poſé, le Problême n'aura pas plus de difficulté que celui que nous avons réſolu pour les figures planes. Voici ſeulement ce qu'il faudra obſerver.

Soit *QBOD* (Fig. 29) la coupe du ſolide par un plan perpendiculaire à la ſurface du Fluide, & dans lequel doit ſe faire l'oſcillation. Ayant conſervé les noms ci-deſſus, on mettra ſimplement 1°. au lieu de $a + b$ la ſurface entiere qui eſt la commune Section du ſolide & de la ſurface du Fluide. 2°. Au lieu de N la partie ſolide enfoncée, & au lieu de M le ſolide entier. 3°. Au lieu de G la ſomme des produits des particules par le quarré de leurs diſtances à un Axe horizontal perpendiculaire au plan *QBOD*. 4°. Au lieu de $\frac{b}{2}$ & de $\frac{a}{2}$, la diſtance de la ligne *CA* aux centre de gravité des deux portions de la ſurface horizontale qui ont *AD* & *AB* pour abſciſſes, leſquelles diſtances dans le cas dont il s'agit ſont égales, ou cenſées telles, parce que le corps eſt un ſolide de révolution. 5°. Au lieu de $\frac{s\,bb}{2}$ & $\frac{\varepsilon\,aa}{2}$, on peut mettre $s\,qb^3$ & $\varepsilon\,pa^3$, en ſuppoſant que $4Dqb^3$ & $4Dpa^3$

ſoient les ſolides que formeroient ces portions de ſurface en tournant autour de leurs ordonnées, D étant pris pour déſigner l'angle droit. 6°. Enfin au lieu de $\frac{2}{3}b$ & $\frac{2}{3}a$, on mettra la diſtance de la ligne CA aux centres de gravité de ces ſolides, qui eſt à peu près la même pour chacun, & qu'on nommera r, & s, enſorte que $r - s$ ſera une quantité infiniment petite, ou cenſée telle.

Soient A & B, les deux portions de ſurface qui ont AD & AB pour abſciſſes, h & l les diſtances de leurs centres de gravité à la ligne CA, on aura par le principe du *P. Guldin*, connu des Geométres, $\epsilon q b^3 = Ah\epsilon$, $\epsilon p a^3 = Bl\epsilon$; on aura donc $ddy = \frac{2a\,dt^2}{\theta^2}\left(k - \frac{\delta y(A+B)}{\Delta . M}\right)$ & $ddx = \frac{2a\,dt^2}{\theta^2} \times \frac{\delta}{\Delta . G} \times [N\beta - 2rx . hA\epsilon + Nx(\epsilon + f)]$, pour le cas où la ſurface du Fluide ne s'éleve point avec le corps; & pour le cas où elle s'éleve, on nommera K' la ſurface du Fluide, & on aura $ddx = \frac{2a\,dt^2}{\theta^2} \times \frac{\delta}{\Delta . G} \times [N\beta - 2rx . hA\epsilon + Nx(\epsilon + f)]$, & $ddy = \frac{2a\,dt^2}{\theta^2} \times \left(k - \frac{\delta y(A+B)K'}{K' - A - B}\right)$. Nous ſuppoſons ici pour plus de facilité $B = A$, & $h = l$.

Des Oscillations d'un corps de figure irréguliere.

128. Le Problême devient beaucoup plus difficile lorsque le corps est de figure irréguliere. Pour le résoudre, j'imagine d'abord les deux lignes verticales *CA* & *GI* (Figure 30) par lesquelles passent au premier instant les centres de gravité du corps, & de la partie submergée; & je fais passer par ces lignes un plan qui forme dans le corps la section verticale *QBOD* perpendiculaire à la surface du Fluide. Ensuite tirant par le centre *C* l'horizontale *Cp* : imaginons que cette ligne *Cp* tourne autour du point fixe *C*, dans un plan quelconque incliné comme on voudra à la surface du Fluide, mais de maniére que le plan *QBOD* en changeant de situation demeure toujours perpendiculaire à la surface du Fluide; le mouvement de la ligne *Cp* peut être regardé comme composé de deux mouvemens, l'un dans un plan perpendiculaire à la surface du Fluide, l'autre dans un plan parallèle à cette même surface, & qui se fera autour d'une verticale passant par *C*.

129. Comme le mouvement de l'Axe *Cp* est fort petit, & que la ligne *AI* est aussi fort petite; il est visible que le dernier de ces deux mouvemens ne produira dans le centre de gravité *G* qu'une rotation infiniment petite du second ordre qu'on pourra négliger, & que d'ailleurs ce même mouvement ne fera sortir ni enfoncer aucune partie du corps.

Mais il n'en eſt pas de même du mouvement de la ligne Cp perpendiculairement à la ſurface du Fluide. Car ſoit $BZDY$ (Figure 31) la commune ſection du corps & de la ſurface du Fluide, ZY perpendiculaire à BD, & γ, γ' les centres de gravité des coins ou ſolides que forment les parties ZDY, ZBY, en tournant autour de l'ordonnée ZY, il eſt facile de voir que nommant n l'angle de cette rotation, la partie enfoncée deviendra $N - nqb^3 + npa^3$, & que le centre de cette partie ſera 1°. reculé horizontalement & parallélement à DB dans un plan vertical de la quantité $n(e+f)$. 2°. avancé dans ce même plan parallélement à DB de la quantité $uA + \frac{nqb^3}{N} + VA \times \frac{npa^3}{N}$. 3°. qu'il ſera avancé horizontalement & parallélement à $V\gamma$ de la quantité $- u\gamma' \times \frac{nqb^3}{N} + V\gamma \times \frac{npa^3}{N}$. 4°. enfin, qu'il ſera auſſi élevé verticalement d'une certaine quantité inutile à notre ſolution.

130. Maintenant, pour avoir le mouvement total du corps, il faut, comme je l'ai fait ailleurs,* imaginer une ſection perpendiculaire à $QBAD$ (Fig. 30), & paſſant par QA; laquelle tourne autour de l'Axe Cp d'un mouvement angulaire dP: par ce mouvement le centre de gravité ſera 1°. mû horizontalement dans un

---

* Voyez mes Recherches ſur la préceſſion des Equinoxes, *article 26 & ſuivans.*

ſens contraire à l'angle dP avec une viteſſe $= dP(e + f)$. 2°. Si on prend R & S (Fig. 32) pour les centres de gravité des coins que forment les parties DYB, DZB en tournant autour de DB, & qu'on nomme ces coins $q' \times AY^3 \times P$ & $p' \times AZ^3 \times P$; on verra que le centre de gravité ſera avancé dans le ſens de l'angle dP d'une quantité $= \frac{P \cdot q' AY^3}{N} \times yR + \frac{p' AZ^3 \cdot P}{N} \times SZ'$, & avancé parallélement à AD d'une quantité $= \frac{q' AY^3}{N} \times P \times yA - \frac{p' AZ^3}{N} \times Z'A \times P$.

131. De plus, ſoit a (Fig. 33) le centre de gravité de l'aire $BZDY$; on trouvera que tandis que le corps s'éleve perpendiculairement de la quantité α, le centre de gravité de la partie ſubmergée avance dans un ſens contraire à AY de la quantité $\frac{\alpha \times BZDY}{N} \times ab$, & qu'il avance dans le ſens de AD de la quantité $\frac{\alpha \times BZDY}{N} \times bA$.

132. Donc en ajoutant les différentes quantités que nous venons de calculer, on aura dans la ligne verticale $\sigma\varrho$ (Fig. 34) le point ϱ où ſe trouve le centre de gravité de la partie ſubmergée après le temps t, enſorte que $A\sigma$ ſera $= AI + n(e + f) - \frac{uA \cdot \eta q b^3}{N} - \frac{\nu A \cdot \eta p a^3}{N} - \frac{q' AY^3 \cdot P \cdot yA}{N} + \frac{p' AZ^3 \cdot P \cdot Z'A}{N} - \frac{\alpha \cdot BZDY}{N} \times$

bA, que j'appelle $\beta - \omega$; & $\varrho\sigma = u\gamma' \times \frac{nqb^3}{N} - V\gamma \times \frac{npa^3}{N} - \frac{P \cdot q' AY^3}{N} \times yR - \frac{P \cdot p' \cdot AZ^3}{N} \times SZ' + \frac{\alpha \cdot BZDY}{N} \times ab$; que j'appelle z.

133. Enfin il eſt conſtant qu'après le temps t, la partie enfoncée ſera $N - \alpha \cdot BZDY + npa^3 - nqa^3 - AY^3 \cdot Pq' + AZ^3 \cdot Pp'$; que j'appelle pour abreger $N - k$.

134. Imaginons préſentement, ſuivant la Méthode enſeignée dans mes *Recherches ſur la préceſſion des Equinoxes*, que tandis que le corps a ſes divers mouvemens, 1°. les forces qui doivent être détruites parallélement au plan QBD (Fig. 30) & à la ſurface du Fluide, ſoient G, & que leur diſtance à ce plan ſoit χ, & leur diſtance à la ſurface du Fluide ξ: 2°. que les forces qui doivent être détruites à chaque inſtant parallélement à la ſurface du Fluide, & perpendiculairement au plan QBD ſoient F, que leur diſtance au plan vertical paſſant par QA & perpendiculaire au plan QBD ſoit θ, & leur diſtance à la ſurface du Fluide ζ: enfin 3°. que les forces verticales qui doivent être détruites ſoient π', & que leur diſtance au plan vertical paſſant par AY (Fig. 32) ſoit ν', & leur diſtance au plan QBD, μ'; ces forces doivent être en équilibre avec les forces verticales du corps, ſavoir 1°. avec les forces $g\Delta M$ & $- g\Delta\ (N - k)$, dont l'une eſt

appliquée ou censée appliquée en A, & l'autre à une distance de $YA = 6 - \omega$, & à une distance de $BD = z$; 2°. avec la force verticale $+ \frac{M\Delta ddx}{dt^2}$ appliquée en A. La somme de ces trois forces est $g\Delta(N - k) - g\Delta . M - \frac{M\Delta ddx}{dt^2}$, & on peut par conséquent les réduire à une seule que j'appelle π'', & qui jointe avec la force π' sera $\pi'' + \pi'$, que j'appelle π, & dont la distance à la ligne AY soit nommée ν, & la distance à la ligne AD soit nommée μ; on a donc maintenant trois puissances G, F, π dont la position est donnée & qui doivent être en équilibre. Or cette condition donne

$$F\zeta - \pi\mu = 0.$$
$$G\xi - \pi\nu = 0.$$
$$F\theta - G\chi = 0,$$

& on aura par les Principes de statique, $\pi\mu = \pi'\mu' + g\Delta . Nz$; & $\pi\nu = \pi'\nu' + g\Delta\nu . (6 - \omega)$.

Maintenant, soit $\frac{K}{2}$ la moitié de la somme des produits de chaque particule par le quarré de sa distance à l'Axe Cp (Fig. 30), & M la somme des produits de chacune par le quarré de sa distance à un plan vertical passant par GA, s l'angle que décrit durant le temps t la projection de l'Axe Cp sur un plan horizontal, y le Cosinus de l'angle que Cp fait avec

l'horison, on a 1°. * $G\xi - \pi'\nu' = \frac{K}{2}[-yd(\frac{ydy}{\sqrt{[1-yy]}})$
$-2yd\varepsilon dP - ydP^2\sqrt{[1-yy]} - yd\varepsilon^2\sqrt{[1-yy]}]$
$+ M(-ddy\sqrt{[1-yy)} + yd\varepsilon^2\sqrt{[1-yy]}) -$
$\frac{K}{2}(ddy\sqrt{1-yy} - ydP^2\sqrt{[1-yy]}) -$
$Myd(\frac{ydy}{\sqrt{[1-yy]}})$. 2°. $F\theta - G\chi = M(2ydyd\varepsilon + yydd\varepsilon)$
$+ \frac{K}{2}(-2ydyd\varepsilon + [1-yy].dd\varepsilon + ddP\sqrt{[1-yy]})$
$+ \frac{K}{2}dd\varepsilon - \frac{K}{2}.\frac{2ydydP}{\sqrt{[1-yy]}} + \frac{K}{2}ddP\sqrt{[1-yy]}$.
Enfin 3°. $F\zeta - \pi'\mu' = \frac{K}{2}(\frac{2yydyd\varepsilon}{\sqrt{[1-yy]}} - ydd\varepsilon\sqrt{[1-yy]}$
$-yddP + M(2dyd\varepsilon\sqrt{[1-yy]} + ydd\varepsilon\sqrt{[1-yy]})$
$- \frac{K}{2}(2dydP + yddP)$.

Substituant ces valeurs dans les équations précédentes, on aura trois nouvelles équations, desquelles comparant la seconde avec la troisiéme, on trouvera $ddP = -d(d\varepsilon\sqrt{[1-yy]}) + g\Delta, Nzdt^2$: & comme y est fort peu différente de 1, & ε fort petite, on aura simplement $ddP = g\Delta Nzdt^2$. De même si on examine la premiere équation, on verra

* Toutes ces équations sont tirées des formules qui se trouvent dans mes *Recherches sur la précession des Equinoxes*, pour déterminer la rotation d'un corps animé par des forces quelconques.

qu'elle

qu'elle peut ſe réduire, en négligeant tous les autres termes qui ſont infiniment petits, à $g\Delta \,.\, N(\beta - \omega) = (K + M) \times (-y d(\frac{y dy}{\sqrt{[1 - yy]}} - ddy\sqrt{[1 - yy]}) = (\frac{K}{2} + M)\, dd\nu$, en ſuppoſant $y =$ Coſ. ν. A l'égard de la ſeconde équation, elle ſe réduira à $(M - \frac{K}{2}) \times d(yyd\varepsilon) + \frac{K}{2} d(dP\sqrt{[1 - yy]}) = 0$, ou, à cauſe que y eſt preſque $= 1$, $(M - \frac{K}{2})\, d\varepsilon = 0$.

135. On aura donc

1°. $\frac{M\Delta ddx}{dt^2} = g\Delta\,(N - k) - g\Delta M.$

2°. $g\Delta N(\beta - \omega)\,dt^2 = (\frac{K}{2} + M)\,dd\nu.$

3°. $ddP = g\Delta N z dt^2.$

Donc mettant à la place de $\beta - \omega$ & de z leurs valeurs en P & en x, & donnant des valeurs analytiques aux conſtantes AY (Fig. 31, 32 & 33), AZ, yA, $Z'A$, uA, VA, $BZDY$, bA, $u\gamma'$, $V\gamma$, yR, SZ', ab, on parviendra à trois équations de cette forme,

$$ddx = (Hx + LP + K\nu + \Omega)\,dt^2$$
$$dd\nu = (H'x + L'P + K'\nu + \Omega')\,dt^2$$
$$ddP = (H''x + L''P + K''\nu + \Omega'')\,dt^2$$

dont l'intégration peut s'achever aiſément par la Méthode dont j'ai déja parlé ci-deſſus, & que j'ai expliquée plus au long dans le 4e vol. des Mémoires de l'Acad. Royale des Sciences de Pruſſe, année 1748.

136. On voit par cette solution, 1°. que puisque $d\epsilon = 0$, la ligne Cp que nous avons prise pour l'Axe du corps, n'a qu'un mouvement tout-à-fait insensible parallélement à la surface du Fluide, & que le corps n'a proprement de rotation que dans deux plans perpendiculaires l'un à l'autre, & tous deux verticaux: ce qui ne doit point surprendre, si on considére que les forces qui agissent ici sur le corps sont simplement verticales. 2°. Il résulte de la premiere équation (*article* 136) que la force π'' qui est $= - g\Delta M + g\Delta(N-k) - \frac{M\Delta ddx}{dt^2}$ est $= 0$. De plus, on trouvera facilement que les forces G, F, π', sont aussi chacune égale à zero: il ne faut pour cela que chercher l'expression de chacune de ces forces qui est dans mes *Recherches sur la précession des Equinoxes*, & se souvenir que par la propriété du centre de gravité $\int\mu \times f \text{ Sin. } X = 0$, $\int\mu \times f \text{ Cos. } X = 0$, $\int\mu \times (a-b) = 0$. Car c'est une loi connue & démontrée en statique, que quelque plan qu'on fasse pour passer par le centre de gravité d'un corps, la somme des produits de chaque particule par sa distance à ce plan est $= 0$. 3°. Il est aisé de connoître en achevant les calculs que nous nous contentons d'indiquer ici, dans quel cas le solide ne fera que des oscillations infiniment petites, c'est-à-dire tendra à se rétablir dans son état d'équilibre.

CHAPITRE VII.

De l'action d'une veine de Fluide qui sort d'un vase, & qui frappe un plan.

137. CETTE question ayant quelque rapport à la Théorie de la résistance des Fluides, j'ai cru qu'il seroit bon de la traiter ici, non-seulement parce que sa solution se déduit facilement de mes Principes, mais encore parce qu'elle me donnera occasion de faire sur cette matiére quelques observations nouvelles, & conformes à l'expérience.

Je remarquerai d'abord avec *M. Daniel Bernoulli*, que toutes les fois qu'une veine de Fluide (d'eau par exemple) vient frapper perpendiculairement un plan, toutes les particules d'eau quittent le plan suivant des lignes paralléles à la direction du plan. Cela s'entendra mieux (je me sers ici des termes de *M. Bernoulli*) par la Figure 35, dans laquelle *AB* marquant l'Axe de la veine du Fluide qui frappe le plan *EF*, on voit que les filets qui composent la veine se fléchissent à une petite distance du plan, de maniére qu'en *E* & en *F* où ils quittent le plan, leur direction devient paralléle au plan, ou perpendiculaire à l'Axe *AB*.

138. Supposons donc que *AB* (Fig. 36) est l'orifice d'un vase d'où les eaux s'écoulent avec une vitesse uniforme, pour venir frapper le plan *CD*; nous ne

considérerons ici qu'une moitié du plan *CD* & de l'orifice *AB*, parce que de l'autre côté ce sera précisément la même chose. Il est visible par tout ce qui vient d'être dit, que la vitesse des particules en *D*, en tant qu'elle est paralléle à *AC*, sera $= 0$. Donc si on exprime la vitesse paralléle à *AC* par une fonction q de *CP* (x) & *PN* (z), q doit être une fonction telle, qu'elle devienne $= 0$, quand $x = 0$, c'est-à-dire que tous les termes soient multipliés par x. 2°. On peut démontrer par le même raisonnement que dans l'*art.* 36 que la vitesse est constante dans la Courbe extrême & extérieure *BMD*.

Car soient *Mm*, *mm'*, deux petits côtés de la Courbe, décrits par la particule *M* dans deux instans égaux & consécutifs, & soit *mn* égale en ligne droite avec *Mm*; soit de plus regardée la vitesse *mn* comme composée de la vitesse réelle *mm'*, & d'une vitesse *m'n* qui doit être détruite; il est clair par les Principes de l'Hydrostatique, que *m'n* doit être perpendiculaire à la Courbe *BMD*; donc $mn = mm'$. Donc la vitesse dans la Courbe *BMD* est constante.

139. De plus, comme l'orifice *AB* est supposé assez petit, & que toutes les parties de la tranche *AB* ont la même vitesse verticale, on ne s'éloignera pas beaucoup de la vérité, en supposant que toutes les parties d'une tranche quelconque *PM* paralléle à *AB*, ont aussi la même vitesse verticale, desorte que si *Pp* est l'espace parcouru par la particule *P* pendant un instant dt,

PMmp soit constant, c'est-à-dire proportionnelle à l'instant dt. Or nous venons de prouver, que prenant l'instant dt constant, Mm doit être constante, parce que la vitesse dans la Courbe *BMD* est constante. Donc Mm doit être proportionnelle à *PMmp* : d'où l'on tire l'équation de la Courbe de la maniére suivante.

140. Soit $AP = x$, $PM = y$, $BM = s$, $AB = a$, on aura $ydx = ads$, puisque quand $x = o$, on a $dx = ds$; & $y = a$: donc $y^2 dx^2 = a^2 dx^2 + a^2 dy^2$. Donc $dx = \frac{ady}{\sqrt{[yy - aa]}}$.

Soit maintenant la vitesse des particules en $A = v$, la vitesse en *PM* sera $\frac{va}{y}$, & si les lignes *AB*, *PM* étoient d'égale largeur, la pression en un point quelconque de *PM* seroit $\frac{y}{dt} \int \frac{vady}{yy} \times dx = y \int \frac{vady}{yy} \times dx \times \frac{va}{ydx}$, à cause de $dt = \frac{ydx}{va}$: donc la pression seroit $= y \int \frac{v^2 a^2 dy}{y^3} = v^2 a^2 y \left(\frac{1}{2a^2} - \frac{1}{2y^2}\right)$, si *AB* & *PM* étoient égales. Mais *AB* n'étant pas égale à *PM*, il faut retrancher de la quantité précédente, la pression qui viendroit de la partie *BbM*. Or la pression verticale en un point quelconque de la Courbe *BM*, seroit $v^2 a^2 \left(\frac{1}{2a^2} - \frac{1}{2y^2}\right)$ qui étant multipliée par dy & ensuite intégrée, donnera la quantité qu'il faut retrancher de la précédente. On a donc $\int v^2 a^2 dy \times (\frac{1}{2a^2} - \frac{1}{2y^2}) = \frac{v^2}{2} \times (y - a) + \frac{v^2 a^2}{2y} - \frac{v^2 a^2}{2a}$. Soit donc $v^2 = 2ph$, & la pression en PM sera $phy - \frac{pha^2}{y} - phy + pha - \frac{pha^2}{y} + pha = 2pha - \frac{2pha^2}{y}$.

141. Quelques Lecteurs s'imagineront peut-être que la pression en PM doit être la même, que si AB étoit $= PM$, parce que suivant les Principes de l'Hydrostatique, si l'on a un Fluide dont toutes les parties soient sollicitées par quelque force paralléle à AC, & qui soit la même dans tous les points d'une même tranche PM; ce Fluide exerce la même pression, que si toutes les ordonnées PM étoient égales. Mais il faut remarquer qu'outre la force $-\frac{dv}{dt}$, il existe ici d'autres forces. Car 1°. dans la Courbe BMD la force détruite est perpendiculaire à la Courbe. Donc cette force est composée de deux autres, l'une paralléle à AC & $= -\frac{dv}{dt}$, l'autre perpendiculaire à AC. Il en faut dire autant des autres points des ordonnées PM, qui décrivant des Courbes, perdent non-seulement une force $-\frac{dv}{dt}$ paralléle à AC, mais encore une autre force perpendiculaire à AC. D'où il s'ensuit que la

pression en *M* par ex. qui seroit égale à $\int dx \times \frac{-dv}{dt}$ s'il n'y avoit que la seule force $- \frac{dv}{dt}$, sera nulle. Car cette pression seroit la même, que la pression du Canal *BM* qui doit (*article* 27) être nulle à cause des vitesses égales en *B* & en *M*; & la pression dans un autre point par exemple en *N* est = à celle du Canal *BMN*. Donc puisque la pression du Canal *BM* = 0, cette pression est la même, que si elle venoit de la seule partie *MN*: au lieu que s'il n'y avoit que la force $- \frac{dv}{dt}$, & que le Fluide fût enfermé dans un vase *ABDC*, la pression en *N* seroit la même, que si elle venoit de la seule colomne *CN*. Car dans ce cas, le poids de *BM* ne seroit pas = 0, mais = au poids de *CN*: ainsi ce n'est pas sans raison que nous avons déterminé la pression, comme nous l'avons fait *art.* 140, en ne regardant pas *AB* & *PM* comme égales.

142. Voici maintenant les conclusions qu'on peut tirer de la Théorie précédente. Il est clair par l'équation $dx = \frac{a\,dy}{\sqrt{(yy - aa)}}$, que quand $x = AC$, $\frac{dx}{dy}$ n'est point = 0, à moins qu'on ne suppose *y* infinie; or cette supposition ne pouvant se faire physiquement, il s'ensuit que la direction du Fluide, quand il est parvenu au plan *CD*, n'est pas exactement paralléle à ce plan, mais fait un angle d'autant plus aigu avec le plan *CD*, que ce plan *CD* a plus d'étendue par

rapport à l'orifice *AB*. Cependant comme cette étendue est assez grande, soit *b* l'étendue du plan, & on aura à peu près $2pha - \frac{2pha^2}{b}$ pour la pression du Fluide. Donc *b* étant beaucoup plus grande que *a*, on voit que la pression sera un peu moindre que $2pha$, ce qui s'accorde parfaitement avec les expériences faites par *M. Krafft*, & rapportées dans le tome 8 des Mém. de Petersbourg : car, suivant ces expériences, l'action d'une veine de Fluide qui frappe un plan, est un peu moindre que le poids d'un cylindre de Fluide dont la base est *a*, & la hauteur $2h$, c'est-à-dire dont la base est l'ouverture du trou, & dont la hauteur est égale à deux fois la *hauteur dûe à la vitesse* du Fluide.

SCHOLIE I.

143. Dans les *articles* précédens, nous avons supposé pour la facilité des calculs, que le vase étoit un parallélogramme rectangle : mais si on le regardoit comme un cylindre, alors on auroit $yydx = aads$, & $dx = \frac{a^2dy}{\sqrt{[y^4 - a^4]}}$, équation qui ne peut se réduire aux Logarithmes, comme l'équation $dx = \frac{ady}{\sqrt{[yy - aa]}}$, mais qui peut se réduire à la rectification des sections coniques. Voyez les Mém. de l'Acad. des Sciences de Prusse an. 1746 to. 2. A l'égard de la pression, on la

la trouvera en prenant $2n$ pour le rapport de la circonférence au rayon, de la maniére suivante.

$\frac{vaa}{yy}$ est la vitesse en PM: donc si PM étoit $= AB$, la pression seroit $nyy \times (2v^2 a^4) \times (\frac{1}{4a^4} - \frac{1}{4y^4}) = nyy \times 4pha^4 (\frac{1}{4a^4} - \frac{1}{4y^4})$: or si on retranche de cette quantité celle-ci $\int ph \times (1 - \frac{a^4}{y^4}) \times 2nydy = nphyy - nphaa + \frac{phna^4}{y^2} - phnaa$, la pression en PM sera $2nphaa - \frac{2npha^4}{yy}$; expression qui s'accorde de nouveau avec les expériences de *M. Krafft*.

SCHOLIE II.

144. Si on a égard à la pesanteur des parties du Fluide, alors la vitesse verticale peut être supposée la même dans toutes les parties d'une même tranche PM, mais la vitesse dans la Courbe BMD n'est point constante. Or dans ce cas, la vitesse perdue $m'm$ doit se combiner de telle sorte avec la pesanteur qui agit verticalement, qu'il en résulte une force unique perpendiculaire à la surface de la Courbe. Donc prenant $PMpm$ constant, & p pour la gravité, il faut que Mm croisse de la quantité $pdt^2 \times \frac{dx}{ds}$, c'est-à-dire qu'à cause

de $dt = \frac{ydx}{va}$, on aura $dds = \frac{py^2dx^2}{v^2a^2} \times \frac{dx}{ds}$: donc $\frac{ds^2}{2} =$

$\frac{py^2dx^2}{v^2a^2} \times x + \frac{py^2dx^2 \times h}{v^2a^2}$.

Donc $dx^2 + dy^2 = \frac{y^2dx^2}{2pha^2} \times (2px + 2ph)$, c'est-à-dire (en faisant $x + h = n$) $dn^2 + dy^2 = \frac{y^2ndn^2}{ha^2}$; équation difficile à intégrer, mais dont on peut trouver l'intégrale au moins par approximation de la maniére suivante.

Il est évident qu'on auroit $dx = \frac{ady}{\sqrt{(yy-aa)}}$, si p étoit $= 0$: donc on auroit $x = \text{Log.} \frac{y+\sqrt{[yy-aa]}}{a}$. Donc dans le 2^d membre de l'équation $dx^2 + dy^2 = \frac{y^2dx^2}{2pha^2} \times (2px + 2ph)$, soit mise pour x cette valeur, & on aura $dx = \frac{dy}{\sqrt{[\frac{yy}{aa} - 1 + \frac{y^4}{ah}\text{Log.}(y + \frac{\sqrt{(yy-aa)}}{a})]}}$; équation qui représente assez exactement la Courbe BMD, sur-tout dans les points qui ne sont pas trop proches de D.

Maintenant, pour déterminer la pression en PM, il faut remarquer que la force détruite dans chaque particule PM dans l'instant dt est $d(\frac{va}{y}) + pdt$: d'où l'on conclura facilement, que la pression déterminée dans l'*art. précéd.* doit être augmentée d'une quantité égale au poids de toute la veine *ABDC*. Or le poids du Fluide *ABDC* est à peu près le même, que si dx étoit $= \frac{ady}{\sqrt{[yy - aa]}}$: donc $\int pydx = \frac{\int pydy \cdot a}{\sqrt{[yy - aa]}} = pa\sqrt{[yy - aa]} = pa\sqrt{[bb - aa]}$: donc la pression totale $= 2pha - \frac{2pha^2}{b} + pa\sqrt{[bb - aa]}$. Cette expression ne paroît pas s'accorder avec les expériences de *M. Krafft*; du moins les cas où $a\sqrt{[bb - aa]}$ sera $> \frac{2ha^2}{b}$, ce qui pourra arriver souvent. Mais il faut remarquer que dans les expériences de *M. Krafft*, l'eau sortoit du vase par un trou vertical, suivant une direction horizontale : d'où il s'ensuit que sa pesanteur n'entroit pour rien dans l'effet de la pression. Il seroit peut-être nécessaire de faire des expériences nouvelles sur la pression d'un Fluide qui sort d'un vase dans une direction verticale. Mais ces expériences sont difficiles à exécuter : quoi qu'il en soit, il nous suffit que toutes celles qui ont été faites jusqu'à présent sur cette matiére, & sur l'exactitude desquelles on peut compter, s'accordent avec notre Théorie.

SCHOLIE III.

145. L'expression que nous venons de donner pour la pression d'un Fluide sortant d'un vase, est un peu

différente de celle qu'a donnée le célébre *M. Daniel Bernoulli* dans le to. 8 des Mém. de l'Académie de Petersbourg. Selon lui, la pression d'un Fluide qui sort d'un vase est égale à la seule quantité $2pha$. Or nous la trouvons un peu plus petite.

Pour savoir d'où vient cette différence, faisons quelques observations sur la Méthode de *M. Bernoulli.*

Il suppose en premier lieu, que les Courbes décrites par chaque filet de Fluide peuvent être regardées comme des Canaux dans lesquels un corps se meut. Soit donc BMD un Canal dans lequel se meut un petit corps que j'appelle m, & nommant v la hauteur *dûe à la vitesse* en M, cherchons avec *M. Bernoulli* la somme de toutes les puissances momentanées paralléles à l'Axe.

Soit la puissance tangentielle en $M = p$, & variable suivant telle loi qu'on voudra ; la force qui en résulte parallélement à AC sera $\frac{pdxdt}{ds}$: outre cela, la force centrifuge en $M = \frac{m \times 2vdt}{R}$, R étant le rayon de la développée en M ; & la force qui en résulte parallélement à AC, est $\frac{2v \times m}{R} \times dt \times \frac{dy}{ds}$: donc comme $dt = \frac{ds}{\sqrt{[2v]}}$, cette derniere force sera $+ \frac{mdy \cdot \sqrt{2v}}{R}$.

Donc la somme des deux pressions $= + \frac{mdy \sqrt{[2v]}}{R} +$

$\frac{p\,dx\,dt}{ds}$: or faisant ds constante, on a $R = -\frac{dy\,ds}{ddx}$, & de plus $p\,dt = -\frac{m\,dv}{\sqrt{[2v]}}$: donc la pression sera $-\frac{m\,ddx\,\sqrt{[2v]}}{ds} - \frac{m\,dv\,dx}{ds\,\sqrt{[2v]}}$, dont l'intégrale est $-\frac{m\,dx\,\sqrt{[2v]}}{ds}$ $+ m\sqrt{[2k]}$, entendant par $\sqrt{[2k]}$ la vitesse initiale en B.

Donc si $\frac{dx}{ds} = 0$, comme il arrive dans les points où le Fluide atteint le plan, la pression en ces points est $m\sqrt{[2k]}$; & si on suppose la vitesse du Fluide constante, alors la pression $= m\sqrt{[2k]}\,(1 - \frac{dx}{ds}) = m\sqrt{[2k]}$ lorsque $\frac{dx}{ds} = 0$. Donc dans tous les cas, la somme des pressions momentanées de B jusqu'en $D = m\sqrt{[2k]}$.

Maintenant, soit la vitesse uniforme de l'eau qui sort $= \sqrt{2A}$; soit pris à volonté un temps quelconque t, & supposons que pendant ce temps il sorte une quantité d'eau $= m$; soit p la puissance qui soutient le plan. Donc on aura $pt = m\sqrt{2A}$; ou $p = \frac{m\sqrt{2A}}{t}$. Or (*hyp.*) la masse m sort uniformément pendant le temps t avec la vitesse $\sqrt{[2A]}$ par le trou 1 : donc $1 \times \sqrt{[2A]} \times t = m$: donc $t = \frac{m}{\sqrt{2A}}$; & $p = 2A$. Telle est, suivant

M. Bernoulli, la preſſion de l'eau ; d'où il conclut qu'elle eſt égale au poids d'un cylindre d'eau dont la baſe ſeroit le trou $= 1$, & la hauteur $2A$.

Il me ſemble que cette Théorie ſe réduit aux propoſitions ſuivantes.

Que dans le premier inſtant $d\theta$ d'un temps quelconque t il s'écoule par l'orifice AB des particules dont chacune ſoit $= n$, & dont par conſéquent le nombre ſoit $= \int n$; il eſt évident que ſi on ſuppoſe l'orifice AB diviſé en portions fort petites $d\alpha$, on aura $n = d\theta \times d\alpha \times \sqrt{[2A]}$; car dans le même inſtant $d\theta$, la particule n qui ſort ſera d'autant plus grande, que la viteſſe $\sqrt{[2A]}$ ſera plus grande. Donc par la même raiſon dans un temps quelconque t ou $\int d\theta$, le nombre des particules qui ſortiront, ſera $\int d\alpha \times t \times \sqrt{2A}$.

Maintenant, chacune des particules n après qu'elle eſt ſortie par l'orifice AB, parvient au plan CD en décrivant une Courbe quelconque avec une viteſſe quelconque, avec cette ſeule circonſtance que ſon mouvement devient parallèle au plan CD lorſqu'elle eſt arrivée à ce plan. Alors la ſomme des preſſions d'une particule quelconque $d\alpha$, depuis qu'elle paſſe par l'orifice AB juſqu'à ce qu'elle arrive en CD, ſera $d\alpha \sqrt{[2A]}$, & la ſomme des preſſions de toutes les parties $d\alpha$ qui ſortent à la fois de l'orifice AB, ſera $\sqrt{2A} \times \int d\alpha$: donc dans le temps t la preſſion ſera $\sqrt{[2A]} \times \int d\alpha \times \sqrt{2A} \times t$. Donc la preſſion que *M. Bernoulli* regarde comme inſtantanée, ſera $= 2A \times \int d\alpha$, c'eſt-à-dire $=$ au produit de la largeur de l'orifice par $2A$.

Il paroît assez clairement par ces propositions, que la pression déterminée par *M. Bernoulli* est la somme des pressions que les particules qui sortent en même temps du vase, exercent sur le plan depuis l'instant où elles sortent de l'orifice, jusqu'à celui où elles atteignent le plan *CD*. Mais il me semble que la somme de ces pressions ne représente point la vraie pression dont il s'agit ici. Car la somme de ces pressions n'agit que dans un temps fini, c'est-à-dire dans le temps que les particules employent à parvenir de l'orifice du tuyau au plan *CD*. Or ce qu'on demande ici, c'est la pression instantanée, c'est celle qu'exercent dans un même instant sur le plan *CD*, toutes les particules de Fluide qui remplissent dans cet instant l'espace *ABDC*. Cette pression, si je ne me trompe, est différente de celle de *M. Bernoulli*. Car considérons les particules qui décrivent la Courbe *BMD*, comme couvrant entiérement cette Courbe dans un instant quelconque, & cherchons la pression qu'elles exercent dans cet instant, sur le plan, nous trouverons, en suivant la Méthode même de *M. Bernoulli*, 1°. que la pression venant de la force centrifuge, est $\frac{2v}{R} \times ds \times \frac{dy}{ds} = \frac{-2v\,ddx}{ds}$, 2°. que la pression venant de la force tangentielle est $-\frac{dv}{\sqrt{2v}\,.\,ds} \times ds \times \frac{dx}{ds} = -\frac{dv\,.\,dx}{ds}$; donc la pression d'une particule quelconque est $-\frac{2v\,ddx}{ds} - \frac{dv\,dx}{ds}$, dont l'intégrale eſt $2v \times -\frac{dx}{ds} + 2k + \int \frac{dvdx}{ds}$. Or lorſque dv eſt négative, c'eſt-à-dire lorſque la viteſſe va en diminuant de *A* vers *B*, cette quantité eſt moindre que $2v \times -\frac{dx}{ds} + 2k$. Donc la preſſion dans chaque Courbe eſt $2k - P$, P étant une quantité poſitive $= \int -\frac{dvdx}{ds}$. Donc puiſque le nombre des Courbes eſt égal au nombre de points de l'orifice *AB*, il s'enſuit que ſi on appelle cet orifice 1, la preſſion ſera $= 1 \times (2h - P)$, c'eſt-à-dire moindre que celle de *M. Daniel Bernoulli*; & plus conforme à celle que nous avons donnée.

Il faut cependant avouer, 1°. que lorſque la viteſſe va en augmentant de *A* vers *B*, cette derniere formule donneroit une preſſion plus grande que $2k$, ce qui ſeroit contraire à l'expérience; 2°. que cette même formule s'accorde avec celle de *M. Bernoulli* dans le cas où $dt = 0$, c'eſt-à-dire où la viteſſe eſt ſuppoſée conſtante dans toutes les Courbes. Mais cette derniere hypotheſe, auſſi-bien que la Méthode même, paroît ſujette à quelques difficultés.

Car ſoient *ANC*, *BMD* (Fig. 37), deux Courbes ou Canaux infiniment proches l'un de l'autre, & ſoit formé le Canal *ANMB*, il eſt viſible qu'à cauſe de la viteſſe conſtante (*hyp.*) la preſſion dans les parties *AN*, *BM* eſt nulle (*art.* 27) auſſi-bien que dans

la

la partie *AB*. Or il y a dans le Canal *MN* quelque pression qui vient de la force centrifuge des parties : donc le Canal *ANMB* ne pourroit pas être en équilibre ; ce qui est contraire à l'*art.* 18 : d'où il s'ensuit que les vitesses en *N* & en *M* ne sauroient être égales. Donc puisque la vitesse dans le Canal *BMD* est nécessairement constante, il s'ensuit qu'elle ne sauroit l'être dans le Canal intérieur *ANC*. Outre cela, si la vitesse du Fluide dans chaque Courbe *BD*, *Vd*, (Fig. 36) étoit constante, alors par la formule générale de la pression trouvée *art.* 27, il s'ensuivroit que la pression en *D*, *d*, seroit nulle, & qu'ainsi le plan ne soutiendroit aucun effort, ce qui est contraire à l'expérience. A l'égard de la Méthode dont nous venons de nous servir pour déterminer la pression du Fluide égale à $2k - P$, elle est fautive en ce que la force centrifuge ne doit point entrer dans la valeur de la pression, & qu'on ne doit point multiplier les deux forces par $\frac{dy}{ds}$ & $\frac{dx}{ds}$. C'est une suite de tout ce qui a été dit dans cet Ouvrage sur les loix de la pression des Fluides.

Il me semble que nous approchons beaucoup plus de la vérité d'après l'hypothese que nous avons faite, que toutes les parties du Fluide dans une même tranche *PM* ayent la même vitesse parallélement à *AC*. Il faut avouer cependant que cette hypothese n'est peut-être pas rigoureusement vraie, comme on le peut conclure de ce qui a été dit dans l'*article* 100.

Avant de finir cette recherche, je dois avertir que suivant *M. Daniel Bernoulli*, les expériences qu'il a faites s'accordent parfaitement avec sa Théorie. J'ai préféré néanmoins les expériences de *M. Krafft* qui m'ont paru en plus grand nombre, & qui s'accordent toutes à donner la pression un peu moindre que $2a$. Peut-être pour établir sur ce sujet quelque conclusion certaine, ne seroit-il pas inutile de recommencer de nouveau les unes & les autres.

SCHOLIE IV.

146. Au reste, on pourroit appliquer à la recherche de la pression d'une veine de Fluide, la Méthode que j'ai expliquée dans cet Ouvrage. Mais le calcul en seroit difficile. En effet, soit QAq (Fig. 38) le plan circulaire exposé au filet du Fluide, FA le filet central, on prouvera, comme on l'a fait *art.* 36, *n.* 3 & 5, que le Fluide est stagnant dans un espace FAM, & que la vitesse le long de FM est très-petite. D'où il s'ensuit, 1°. que si on nomme a la vitesse du Fluide, & qu'on fasse $Am = AM$, la pression sur MAm sera égale à $\frac{a^2}{2}$ multiplié par le cercle dont le diamétre est MAm; 2°. que les valeurs de p & de q doivent être déterminées par des équations semblables à celles des *art.* 45 & 48, & que si on nomme AQ,

y, la preſſion en Q ſera $\int 2\pi y\,dy \times \frac{a^2}{2}(1 - pp - qq)$, cette intégrale étant priſe de maniére qu'elle ſoit $= 0$, lorſque $AQ = AM$. 3°. Que la valeur de q étant exprimée par une fonction de x & z, & prenant l'origine des x en A, il faut que cette fonction ſoit nulle en faiſant $x = 0$, car la viteſſe q perpendiculaire à FA eſt nulle le long du plan AM. Donc la quantité q doit contenir x à tous ſes termes. Il eſt facile de trouver une infinité de valeurs de q qui ſatisferont à ces conditions, ſur-tout ſi on regarde le plan ſuppoſé comme une ſimple ligne; car alors $dq = Adx + Bdz$, & $dp = Bdx - Adz$. Mais le Problême reſtera d'ailleurs indéterminé. C'eſt ce qui m'a engagé à chercher une autre route, quoique peut-être moins rigoureuſe & moins directe, pour trouver la preſſion d'une veine de Fluide contre un plan.

SCHOLIE V.

147. Ce que nous venons de dire ici de l'action d'une veine de Fluide contre une ſurface plane, peut s'appliquer auſſi à l'action qu'un courant exerce contre un plan qui y eſt plongé. Les valeurs de p & de q me paroiſſent en ce cas indéterminées, ou plûtôt indéterminables; deſorte qu'il eſt comme impoſſible de pouvoir comparer la Théorie à l'expérience, même dans ce cas qui paroît le plus ſimple de

tous. Au reste, il me semble, que toutes choses d'ailleurs égales, la pression d'une veine de Fluide qui sort d'un vase & qui agit contre un plan, doit être plus grande que celle d'un Fluide dans lequel ce plan seroit entiérement plongé. Car dans le premier cas il n'y a que la surface antérieure du plan, qui soit exposée à l'action du Fluide, au lieu que dans le second cas le Fluide agit sur la surface postérieure du plan, & contrebalance en partie par la pression qu'il y exerce, celle que soutient la surface antérieure. Tout cela est conforme à l'expérience, suivant laquelle, en effet, la pression dans le premier cas est plus grande que la pression dans le second (*art.* 75 *&* 142).

CHAPITRE VIII.

Application des Principes exposés dans cet essai, à la recherche du mouvement d'un Fluide dans un vase.

148. Les Principes que j'ai donnés dans cet Ouvrage pour déterminer les loix de la résistance des Fluides, m'ayant paru avoir beaucoup d'étendue, j'ai cru qu'il ne seroit pas inutile de montrer de quelle maniére on peut les appliquer à la recherche du mouvement des Fluides dans des vases ou canaux quelconques. Mais comme ces recherches ne sont point ici directement de mon sujet, je me contenterai d'en indiquer les Principes.

Imaginons d'abord un vase de Figure quelconque & d'une longueur indéfinie $HGLI$ (Fig. 39), dans lequel soit renfermée une quantité de Fluide $ABIE$, qui, soutenue par le fond FE, soit stagnante dans ce vase, & qu'ensuite on ôte tout-à-coup le fond FE : on demande quel doit être le mouvement du Fluide.

Pour rendre le calcul plus facile, nous regarderons d'abord le vase comme une figure plane, & nous prendrons l'origine des x en C, les x étant verticales, & les y ou z horizontales. Si le vase étoit cylindrique, il est visible que le Fluide tomberoit à la maniére des corps pesans ordinaires, ensorte que nommant g la gravité naturelle, t le temps écoulé depuis le commencement de la chûte, & u la vitesse à la fin du temps t, on auroit $u = gt$. Mais la figure curviligne du vase doit changer entiérement cette valeur de u, ensorte qu'au bout d'un temps t, les vitesses horizontale & verticale, doivent être une fonction de t, x, z. Or en premier lieu, ces vitesses doivent être telles, qu'en faisant $z = PM = y$, le rapport qu'elles auront entr'elles soit égal à la fonction de x & de y, qui exprime le rapport de dx à $-dy$ au point M; & cette condition doit avoir lieu, quel que soit le temps t. Donc si on nomme la vitesse verticale Q, & horizontale P, il faut que $\frac{Q}{P} = \frac{dx}{-dy}$, en mettant dans Q & dans P, y au lieu de z. Donc il faut que t s'évanouisse entiérement dans la division de Q par P; ce qui ne peut arriver qu'en supposant $Q = \theta q$, $P = \theta p$, θ étant une fonction de t seulement, & q, p, des fonctions de x & de z.

149. Cela posé, soit $d(\theta q) = qTdt + \theta A dx + \theta B dz$, & $d(\theta p) = pTdt + \theta A' dx + \theta B' dz$, on trouvera facilement par une Méthode semblable à celle de l'*art.* 48, 1°. que $\theta B'$ sera $= -\theta A$. 2°. que la force accélératrice horizontale qui doit être détruite, est $-\theta B' p - \theta A' q - pT$, & que la force verticale est $g - B\theta p - A\theta q - qT$, d'où il s'ensuit que l'on aura $\frac{d(g - B\theta p - A\theta q - qT)}{dz} = \frac{d(-\theta q A' - \theta p B' - pT)}{dx}$; équation à laquelle on satisfera, en supposant $A' = B$; comme dans l'*article* 48. Donc on aura

$$dq = A dx + B dz,$$
$$\& \ dp = B dx - A dz,$$

équations par lesquelles on déterminera la forme générale des quantités q & p.

150. Maintenant, au commencement du mouvement, lorsque le temps $t = 0$, les surfaces AB, EF étant horizontales, la force perdue doit être perpendiculaire à ces surfaces ; d'où il s'ensuit que p doit être égal à zero, lorsque $x = 0$, & lorsque $x = CD$, quelque valeur qu'on donne à z. De plus, si les parois du vase ne sont pas perpendiculaires aux lignes AB, EF, en A, B, F, E, il faut que $q = 0$ lorsque $x = 0$ & $z = CB$, & lorsque $x = CD$ & $z = DF$. Car le mouvement des particules A, B, F, E, ne pouvant

ſe faire que ſuivant les parois du vaſe, on ne ſauroit avoir $p = 0$ en ces points-là, qu'on n'ait auſſi $q = 0$.

Il faut encore que dans le commencement du mouvement, lorſque $t = 0$, la preſſion dans le Canal CD ſoit nulle, ce qui donne $\int dx \left(g - \frac{\theta q}{dt}\right) = 0$, l'intégrale étant priſe de maniére qu'elle ſoit $= 0$ lorſque $x = 0$, & lorſque $x = CD$. D'où l'on peut conclure que la fonction θ doit être telle, qu'en y faiſant $t = dt$, on ait $\frac{\theta}{dt} = 1$. Donc $\theta = t$.

151. Au moyen de toutes les conditions précédentes & de la courbure des parois BMF qui eſt connue, & dans laquelle $\frac{dx}{-dy}$ doit être $= \frac{q}{p}$, on aura la valeur des coefficiens qui doivent entrer dans q & dans p.

152. Suppoſons maintenant, qu'après un temps quelconque t, les deux ſurfaces du Fluide ſoient acb, (Fig. 40) edf, & nommons Cc, a, Cd, b : je dis d'abord, que ſuppoſant a & b connues, il ſera poſſible de trouver les Courbes acb, edf; car dans chacune de ces Courbes la force perdue doit être perpendiculaire à la Courbe, d'où il s'enſuit que ſi on nomme Pm, s, il faut que $\frac{-ds}{dx} = \frac{g - q - Aqt - Bpt}{p + Bqt - Apt}$, en mettant dans p & dans q, s pour z, ce qui donnera les deux Courbes. Ces deux Courbes étant connues, & renfermant a & b dans leur équation, voici comment on déterminera les

quantités a, b. On obſervera 1°. que la maſſe du Fluide $acbfdea$ eſt donnée ; premiere équation. 2°. que la preſſion dans le Canal CD doit être nulle, d'où l'on tire $\int dx(g-q-tAq-tBp)=0$ lorſque $x=a$, & lorſque $x=b$. Delà on aura la valeur de a & de b en t, & le Problême ſera entiérement réſolu.

REMARQUE I.

153. Si le vaſe étoit regardé non comme une figure plane, mais comme un corps ſolide, alors il faudroit ſuppoſer non $B'=-A$; mais $B'=-A-\frac{pt}{z}$ comme dans l'*article* 48. Du reſte, le calcul ſera le même que dans l'*article* précédent.

REMARQUE II.

154. Si le Fluide au lieu de couler toujours au-dedans du vaſe, s'en échappe, alors le calcul ſera le même encore que dans les *art.* précédens ; avec cette différence, qu'au lieu que dans le premier cas (*art.* 152) la maſſe de Fluide $acbfdec$ étoit conſtante, elle ne le ſera plus ici : il faudra donc changer cette condition en un autre, ſavoir que dans la Courbe edf, s ſoit $=DF$ (Fig. 41) lorſque $x=CD$. C'eſt là le ſeul changement qu'il ſoit néceſſaire de faire au calcul.

REMARQUE III.

REMARQUE III.

155. Cette Méthode de déterminer le mouvement d'un Fluide eſt beaucoup plus rigoureuſe, que celle dont je me ſuis ſervi dans mon Traité *de l'Equilibre & du mouvement des Fluides*; mais le calcul en éſt ſi pénible, qu'il faut preſque y renoncer. D'ailleurs, l'expérience paroît s'accorder aſſez bien avec la Théorie que nous avons établie dans l'ouvrage cité.

CHAPITRE IX.

Application des mêmes Principes à quelques recherches ſur le courant des Rivieres.

156. SOIT Bm (Figure 42) le fond du lit de la riviere, CM ſa ſurface ſupérieure, & ſoit ſuppoſé que la riviere coule de C vers M, & que ſon lit ſoit par-tout d'une égale largeur. Ayant tiré à volonté l'horizontale Qo & la verticale AQ, il eſt certain qu'on pourra exprimer les viteſſes horizontale & verticale du point quelconque o par p & q, c'eſt-à-dire par des fonctions de AQ, x, & Qo, z. De plus, on trouvera par les Méthodes déja expliquées, que ſi $dq = Adx + Bdz$, on aura $dp = Bdx - Adz$. Donc 1°. connoiſſant l'équation de la ſurface Bm, on pourra déterminer les quantités q & p, à un coefficient près, comme dans l'*art.* 62.

2°. Les forces horizontales & verticales qui doivent être perdues à la surface CM devant en produire une seule, qui combinée avec la pesanteur, soit perpendiculaire à cette surface, on tirera de cette condition l'équation différentielle de la surface CM; & supposant qu'on connoisse la profondeur de la riviere en deux endroits C, M, les grandeurs connues des lignes AC, AP, PM, jointes avec l'équation de la Courbe CM, feront trouver le coefficient inconnu des quantités q & p.

REMARQUE I.

157. Le Problême est encore plus facile à résoudre, quand on ne suppose pas que le fond Bm est donné, mais qu'on lui suppose une figure à volonté. Car soit $TV = u$, il n'y a qu'à prendre $\frac{dx}{du} = \frac{q}{p} =$

$$\frac{\sqrt{-1}\left[\Delta\left(x + \frac{u}{\sqrt{-1}}\right) + \Delta\left(x - \frac{u}{\sqrt{-1}}\right)\right]}{\Delta\left(x + \frac{u}{\sqrt{-1}}\right) - \Delta\left(x - \frac{u}{\sqrt{-1}}\right)}.$$

REMARQUE II.

158. Voilà le Problême résolu généralement, mais il se présente ici une observation à faire. Comme on suppose que le Fluide est parvenu à un état permanent, il est constant que la surface CM demeure toujours la même, & qu'ainsi tous les points de cette sur-

face ſe meuvent le long de la ſurface même, deſorte que l'on a $\frac{q}{p} = \frac{dx}{dy}$ à la ſurface CM : or on a de plus $\frac{dx}{dy} = \frac{g - Aq - Bp}{Bq - Ap}$, il faut donc que $gp - Bpp = Bqq$, & $qdy = pdx$ ſoient à la fois l'équation de la Courbe AM.

Voici, ce me ſemble, comment on peut ſatisfaire à ces deux conditions. Suppoſons les points A, C donnés, auſſi-bien que la Courbe Bm : on prendra pour q & p, deux fonctions très-générales de x & de z avec un grand nombre de coefficiens indéterminés ; on ſuppoſera la Courbe CM repréſentée par l'équation $gp - Bpp = Bqq$, les coefficiens reſtant toujours indéterminés : imaginant enſuite la Courbe CM tracée, & ayant pris dans les deux Courbes CM, Bm enſemble, autant de points qu'il y a de coefficiens à déterminer, on trouvera ces coefficiens par les équations $\frac{q}{p} = \frac{dx}{dy}$, $\frac{q}{p} = \frac{dx}{du}$, & $gp - Bpp = Bqq$.

REMARQUE III.

159. Au lieu de prendre l'origine des coordonnées en A, on peut, ſi on le juge plus commode, prendre cette origine en G ; il faudra ſeulement alors mettre y au lieu de x, $-dy$ au lieu de dx, &c. tout le reſte demeurant comme auparavant.

REMARQUE IV.

160. Si on ne vouloit pas que la surface CM fut permanente, mais qu'elle changeât à chaque instant; en ce cas on ne devroit plus supposer $\frac{q}{p} = \frac{dx}{dy}$, mais à la place de cette équation on en auroit une autre; en effet, l'équation de la surface CM est en général $\frac{g - Aq - Bp}{Bq - Ap} = \frac{dx}{dy}$. Or la surface CM se changeant en am (Fig. 43), q devient $q + Aqdt + Bpdt$; p, $p - Apdt + Bqdt$; A, $A + \frac{dA}{dx} \times qdt + \frac{dA}{dz} \times pdt$; B, $B + \frac{dB}{dx} qdt + \frac{dB}{dz} pdt$: enfin dx devient $dx + dt \times (Adx + Bdy)$ & dy, $dy + dt\,(Bdx - Ady)$: d'où l'on tire $2A \frac{(g - Aq - Bp)}{Bq - Ap} dt + Bdt - Bdt \times \frac{(g - Aq - Bp)^2}{(Bq - Ap)^2} = d\left(\frac{g - Aq - Bp}{Bq - Ap}\right)$, en mettant pour dA, dq, dB, dp, leurs valeurs $qdt \times \frac{dA}{dx} + pdt \times \frac{dA}{dz}$, $Aqdt + Bpdt$, $qdt \times \frac{dB}{dx} + pdt \times \frac{dB}{dz}$, $-Apdt + Bqdt$; ainsi on aura une équation, qui, en supposant q & p prises à volonté avec des coefficiens indéterminés, ne renfermera que des quantités finies, puisqu'on pourra faire disparoître dt qui se trouve à tous les termes;

on se servira de cette équation pour déterminer les coefficiens de *q* & de *p* par le moyen des deux Courbes *CM*, *Bm*. Je ne fais qu'indiquer ici la Méthode, les détails me meneroient trop loin.

Au reste, je dois avertir ici, qu'il m'est tombé entre les mains il y a quelque temps, une Théorie manuscrite sur le courant des rivieres; la Méthode que l'Auteur employe, quoique moins simple, ce me semble, & moins exacte que la mienne, a néanmoins quelque chose de commun avec elle; mais je suis en état de prouver que j'avois trouvé les Principes sur lesquels est appuyée ma Méthode, dès la fin de l'année 1749, c'est-à-dire plus d'un an avant que le Mémoire dont il s'agit me tombât entre les mains, & plus de huit mois avant qu'il pût y tomber. Il ne seroit pas même impossible que la Méthode exposée dans mon Ouvrage fut inconnue à l'Auteur du Mémoire dont je parle, & ne l'eût aidé dans ses Recherches sur le courant des rivieres.

APPENDICE.

CETTE Appendice contiendra des réflexions sur les loix de l'Equilibre des Fluides, que je n'ai pas cru devoir insérer dans le corps de l'Ouvrage, pour ne pas interrompre la suite des matiéres, mais qui me semblent dignes d'être soumises au jugement des Savans ; & qui ont d'ailleurs un rapport assez immédiat avec le sujet de cet Ouvrage.

Réflexions sur les loix de l'Equilibre des Fluides.

161. L'équation $\frac{d(\delta Q)}{dx} = \frac{d(\delta R)}{dy}$ trouvée *art.* 19, peut encore l'être par une autre Méthode, que je vais exposer ici, parce qu'elle me donnera lieu de faire quelques observations assez importantes sur les loix de l'Equilibre des Fluides.

Soient M, N, m, O, (Fig. 44) quatre points du Fluide, & tels, 1°. que les forces qui sollicitent les points M, m, soient dirigées suivant les lignes MN, mO perpendiculaires à Mm; 2°. que MN soit à mO, comme la force suivant mO multipliée par la densité en m, est à la force suivant MN multipliée par la densité en M: il est visible que dans le Canal rectiligne infiniment petit $MNOm$, les petites colomnes MN, mO seront en équilibre entr'elles. Ainsi les petits Canaux

Mm, *NO*, doivent être auſſi en équilibre entr'eux. Or comme tous les points du Canal *MN* ſont ſollicités (*hyp.*) par des forces perpendiculaires à *MN*, le poids de ce Canal eſt nul. Donc le poids du Canal *NO* doit auſſi être nul, c'eſt-à-dire que les forces qui agiſſent ſur les points *N*, *O*, doivent être perpendiculaires à *NO* aux points *N*, *O*. Or je vais démontrer, que pour que cette condition ait lieu, il faut que $\frac{d(Q\delta)}{dx} = \frac{d(R\delta)}{dy}$.

Soit $Mm = ds$, la force ſuivant *MN* ſera $\sqrt{[RR + QQ]}$, & on pourra ſuppoſer $MN = \frac{d\zeta}{\delta\sqrt{[RR+QQ]}}$, $d\zeta$ étant une quantité déterminée, mais infiniment petite. Maintenant ſoit la force en *m* ſuivant $mO = \sqrt{[R'R' + Q'Q']}$, on aura (*hyp.*) $mO \times \delta' \times \sqrt{[R'R' + Q'Q']} = MN \times \delta \times \sqrt{[RR + QQ]}$. Donc $mO = \frac{d\zeta}{\delta\sqrt{[R'R'+Q'Q']}}$; & menant *NR* parallèle à *Mm*, on aura $RO = \frac{d\zeta}{\delta\sqrt{[R'R'+Q'Q']}} - \frac{d\zeta}{\delta\sqrt{[RR+QQ]}}$: or $R' = R + Pp \times \frac{dR}{dx} - KM \times \frac{dR}{dy}$ (j'écris $-KM$ au lieu de *KM*, parce que *AP* (*x*) croiſſant, *PM* (*y*) diminue); de plus, *Pp* ou $mK = \frac{Mm \times Q}{\sqrt{[RR+QQ]}}$: car à cauſe des triangles ſemblables *MmK*, *MVN*, on a $mK : Mm :: VN$:

$MN :: Q : \sqrt{[RR+QQ]}$. Donc $Pp = \frac{Q\,ds}{\sqrt{[RR+QQ]}}$: on trouvera de même $KM = \frac{R\,ds}{\sqrt{[RR+QQ]}}$: donc $R' = R + \frac{dR}{dx} \times \frac{Q\,ds}{\sqrt{[RR+QQ]}} - \frac{dR}{dy} \times \frac{R\,ds}{\sqrt{[RR+QQ]}}$: de plus, $\delta' = \delta + \frac{d\delta}{dx} \times \left(\frac{Q\,ds}{\sqrt{[RR+QQ]}}\right) + \frac{d\delta}{dy} \times \left(-\frac{R\,ds}{\sqrt{[RR+QQ]}}\right)$: enfin, on aura par la même raiſon $Q' = Q + \frac{dQ}{dx} \times \frac{Q\,ds}{\sqrt{[RR+QQ]}} + \frac{dQ}{dy} \times \frac{-R\,ds}{\sqrt{[RR+QQ]}}$. Donc $\frac{1}{\delta' \sqrt{[R'R'+Q'Q']}} = \frac{1}{\delta \sqrt{[RR+QQ]}} + \frac{1}{\delta (RR+QQ)^{\frac{3}{2}}} \times \left(-\frac{R\,dR}{dx} \times \frac{Q\,ds}{\sqrt{[RR+QQ]}} + \frac{R\,dR}{dy} \times \frac{R\,ds}{\sqrt{[RR+QQ]}} - \frac{Q\,dQ}{dx} \times \frac{Q\,ds}{\sqrt{[RR+QQ]}} + \frac{Q\,dQ}{dy} \times \frac{R\,ds}{\sqrt{[RR+QQ]}}\right) - \frac{1}{\delta\delta \sqrt{[RR+QQ]}} \times \left(\frac{d\delta}{dx} \times \frac{Q\,ds}{\sqrt{[RR+QQ]}} + \frac{d\delta}{dy} \times \frac{-R\,ds}{\sqrt{[RR+QQ]}}\right)$. Donc puiſque RO a été trouvée ci-deſſus $= d\zeta \left(\frac{1}{\delta' \sqrt{[R'R'+Q'Q']}} - \frac{1}{\delta \sqrt{[RR+QQ]}}\right)$; on aura $\frac{RO}{RN}$ c'eſt-à-dire l'angle $ONR = \frac{RO}{ds} = \frac{d\zeta}{\delta (RR+QQ)^2} \times \left(-\frac{RQ\,dR}{dx} + \frac{RR\,dR}{dy} - \frac{QQ\,dQ}{dx} + \frac{QR\,dR}{dy}\right) - \frac{d\zeta}{\delta\delta (RR+QQ)} \times \left(\frac{Q\,d\delta}{dx} - \frac{R\,d\delta}{dy}\right)$.

Maintenant ;

Maintenant, ſoient Mm, $M\mu$ deux côtés égaux & contigus de la Courbe QMm, NR & Nr paralléles à ces côtés; & ſoit prolongée MN en G; il eſt évident que MN perpendiculaire (*hyp.*) à la Courbe MN en M, diviſe en deux également l'angle μMm. Donc elle diviſera auſſi en deux également l'angle RNr : de plus, ſoit μo à MN comme la force $\sqrt{[RR + QQ]}$ ſuivant MN, multipliée par la denſité en M, eſt à la force ſuivant μo, multipliée par la denſité en μ; on aura pour ro la même valeur que pour RO, mais négative. Donc l'angle $RNO = rNo$. Mais nous avons démontré que la force qui ſollicite le point N doit être perpendiculaire à la Courbe ONo: donc ſi Ng eſt la direction de cette force, on aura l'angle $ONg = gNo$; $ONo = RNr$, & $\frac{RNr}{2} = \frac{ONo}{2}$, c'eſt-à-dire $RNG = \frac{ONo}{2} = ONg$. Donc $RNG = ONg$: donc $GNg = ONR$. Or $\frac{Q}{R}$ étant la tangente de l'angle NMV, & $\frac{Q'}{R'}$ celle de l'angle FNg, ſoit $Q' = Q + k$ & $R' = R + m$, la différence des angles NMV, FNg, c'eſt-à-dire l'angle GNg, ſera $= \frac{Rk - Qm}{RR + QQ}$, comme le ſavent les Geométres; (car ſi $\frac{y}{x}$ eſt la tangente d'un angle, la différentielle de cet angle sera $\frac{xdy - ydx}{xx + yy}$) : or on a ici $k = \frac{dQ}{dy} \times VN + \frac{dQ}{dx} \times MV = \frac{dQ}{dy} \times \frac{d\zeta}{\delta V[RR+QQ]} \times \frac{Q}{V[RR+QQ]} + \frac{dQ}{dx} \times \frac{d\zeta}{\delta V[RR+QQ]} \times \frac{R}{V[RR+QQ]}$; & $m = \frac{dR}{dx} \times \frac{d\zeta}{\delta V[RR+QQ]} \times \frac{R}{V[RR+QQ]} + \frac{dR}{dy} \times \frac{d\zeta}{\delta V[RR+QQ]} \times \frac{Q}{V[RR+QQ]}$. Donc l'angle $GNg = \frac{d\zeta}{\delta(RR+QQ)^2} \times (\frac{RRdQ}{dx} + \frac{RQdQ}{dy} - \frac{QRdR}{dx} - \frac{QQdR}{dy})$. Donc puisque nous venons de prouver que l'angle $GNg = ONR$, & que nous avons trouvé ci-dessus la valeur de l'angle ONR, nous aurons, en comparant ces deux valeurs, l'équation $-(\frac{RR+QQ}{\delta}) \times (\frac{Qd\delta}{dx} - \frac{Rd\delta}{dy}) + \frac{RRdR}{dy} - \frac{QQdQ}{dx} = \frac{RRdQ}{dx} - \frac{QQdR}{dy}$: donc en transposant & multipliant par $\frac{\delta}{V[RR+QQ]}$, il vient $\frac{\delta dQ}{dx} + \frac{Qd\delta}{dx} = \frac{\delta dR}{dy} + \frac{Rd\delta}{dy}$, c'est-à-dire $\frac{d(\delta Q)}{dx} = \frac{d(\delta R)}{dy}$.

SCHOLIE I.

162. Dans la seconde Méthode par laquelle nous avons démontré (*art. précédent*) l'équation $\frac{d(Q\delta)}{dx} =$

$\frac{d(R\delta)}{dy}$, il ſe préſente une obſervation aſſez eſſentielle. Si nous ſuppoſons avec les Auteurs qui ont juſqu'à préſent traité cette matiére, que la denſité ſoit conſtante dans chaque couche QMm, ONo en particulier, mais qu'elle varie comme on voudra d'une couche à l'autre, on ne trouvera pour la loi de l'équilibre que la ſeule équation $\frac{d(Q)}{dx} = \frac{d(R)}{dy}$, c'eſt-à-dire la même qu'on trouveroit, ſi la denſité δ étoit conſtante par-tout. Néanmoins, ſi dans ce même cas où la denſité n'eſt pas uniforme, on cherchoit par la Méthode de l'*article* 19 l'équation qui réſulte de l'équilibre, on trouveroit $\frac{d(Q\delta)}{dx} = \frac{d(R\delta)}{dy}$: or comment ces deux équations peuvent-elles avoir lieu à la fois dans le cas préſent ?

Je réponds que la denſité étant conſtante dans chaque couche (*hyp.*), on aura $dx \times \frac{d\delta}{dx} + dy \times \frac{d\delta}{dy} = 0$: donc à cauſe de $dy = -\frac{R\,dx}{Q}$, on trouvera $\frac{Q\,d\delta}{dx} - \frac{R\,d\delta}{dy} = 0$. D'où l'équation $\frac{d(\delta Q)}{dx} = \frac{d(\delta R)}{dy}$ ſe réduit à celle-ci $\frac{\delta\,dQ}{du} = \frac{\delta\,dR}{dy}$, c'eſt-à-dire $\frac{dR}{dy} = \frac{dQ}{dx}$. Mais il faut remarquer que l'équation $\frac{dR}{dy} = \frac{dQ}{dx}$ n'a lieu dans ce cas que pour les couches QMm, ONo auxquelles la direction de la pesanteur est perpendiculaire, au lieu que l'équation $\frac{d(\delta Q)}{dx} = \frac{d(\delta R)}{dy}$ a lieu généralement pour telle couche qu'on voudra, perpendiculaire ou non à la direction de la pesanteur. D'où je conclus que la Méthode de l'*art.* 19 est la seule vraîment générale pour déterminer les loix de l'équilibre des Fluides. Surquoi voyez la *Théorie de la Terre, par M. Clairaut.*

SCHOLIE II.

163. Au reste, j'ai supposé dans l'*art.* 161 la densité variable, même dans chaque Courbe en particulier QMm, ONo, & je ne crois pas que cette supposition ait rien d'absurde. Car pourvu que l'équation $\frac{d(\delta Q)}{dx} = \frac{d(R\delta)}{dy}$ ait lieu, & que la force de la pesanteur soit perpendiculaire à la premiere couche QMm, la masse du Fluide sera toujours en équilibre, quelle que soit la loi de la densité dans chaque couche en particulier. Je crois donc pouvoir avancer en général, qu'une masse de Fluide hétérogene quelconque sera toujours en équilibre, pourvu que l'équation précédente soit observée. Il est vrai que l'expérience semble contraire à cette assertion : car elle nous fait voir que des Fluides de différente densité ne peuvent se mêler ensemble. Mais la raison qui empêche ce mélange, c'est que la gravité étant *la même* pour tous ces Fluides,

l'équation $\frac{d(Q\delta)}{dx} = \frac{d(R\delta)}{dy}$ ne sauroit avoir lieu tant qu'ils sont mêlés.

SCHOLIE III.

164. Il faut encore remarquer que l'équation $\frac{d(Q\delta)}{dx} = \frac{d(R\delta)}{dy}$ n'a lieu qu'en supposant δ, R & Q des fonctions variables x & y. Or je ne vois point de raison de se borner à cette hypothese. En effet, pour faciliter le calcul, imaginons que la densité δ soit constante par-tout; pourquoi ne supposerions-nous pas R & Q des fonctions non-seulement de x & de y, mais encore d'une troisiéme variable ζ, représentée par exemple, par quelque ligne RQ, Rq, qui seroit variable pour les différentes couches QMm, ONo, & constante pour la même couche? Cela posé, on trouveroit pour l'angle ONR la même valeur que ci-dessus (*art.* 161); mais dans l'expression de l'angle GNg, il faudroit augmenter k de la quantité $d\zeta \times \frac{dQ}{d\zeta}$, & m de la quantité $\frac{dR}{d\zeta} \times d\zeta$. C'est pourquoi la valeur trouvée ci-dessus de l'angle GNg seroit augmentée de $\frac{d\zeta}{RR + QQ} \times \left(\frac{RdQ}{d\zeta} - \frac{QdR}{d\zeta}\right)$: comparant donc les deux

valeurs des angles GNg, ONR, on auroit $\frac{dQ}{dx} - \frac{dR}{dy} + \frac{RdQ}{d\zeta} - \frac{QdR}{d\zeta} = 0$.

Maintenant, soient R & Q des fonctions de x & de ζ seulement, ensorte que $\frac{dR}{dy} = 0$, on aura $\frac{dQ}{dx} + \frac{RdQ}{d\zeta} - \frac{QdR}{d\zeta} = 0$: donc prenant pour Q une fonction quelconque de x & de ζ, on aura facilement R. Car on trouvera $\frac{dQd\zeta}{QQdx} = (\frac{QdR}{d\zeta} - \frac{RdQ}{d\zeta})\frac{d\zeta}{QQ}$. Donc traitant x comme constante, on aura $\int\frac{dQd\zeta}{QQdx} = \frac{R}{Q} + \xi$, ξ étant une fonction quelconque de x ; & $\int\frac{dQd\zeta}{QQdx}$ sera l'intégrale de $\frac{dQd\zeta}{QQdx}$, en traitant ζ comme variable, & x comme constante. Donc on aura facilement R.

Comme la force R est supposée perpendiculaire à la Courbe en Q, q, &c. il faut avoir soin de prendre la fonction Q, telle que dans tous les points Q, q, &c. de la ligne RQ cette fonction soit $= 0$. Donc menant AB perpendiculaire à AP & RQ, & faisant $RB = a$, Q doit être une fonction de x, a, ζ, telle qu'en faisant $x + a = \zeta$, cette fonction devienne $= 0$; ce qui peut se trouver facilement d'une infinité de maniéres.

Il eſt aiſé de voir que cette derniere formule $\frac{d\mathfrak{Q}}{dx} - \frac{dR}{dy} + \frac{Rd\mathfrak{Q}}{d\zeta} - \frac{\mathfrak{Q}dR}{d\zeta} = 0$, dans laquelle la denſité δ eſt ſuppoſée conſtante, eſt plus générale que la formule $\frac{dR}{dy} = \frac{d\mathfrak{Q}}{dx}$, trouvée dans l'*art.* 162 pour le même cas. Cependant les équations $\frac{dR}{dy} = \frac{d\mathfrak{Q}}{dx}$ & $\frac{d(\delta\mathfrak{Q})}{dx} = \frac{d(\delta R)}{dy}$ ſont les ſeules dont nous nous ſoyons ſervis dans cet Ouvrage, parce que ce ſont les ſeules auxquelles le calcul paroiſſe pouvoir s'appliquer dans la recherche de la réſiſtance des Fluides.

SCHOLIE IV.

165. Il eſt viſible par le Scholie précédent, que toutes les parties de Fluide contenues dans une couche quelconque ONo ſont également preſſées par le Fluide qui eſt au-deſſus, puiſque le poids des colomnes MN, mO, μo, eſt le même. Ainſi dès qu'il y a équilibre dans le Fluide, chaque couche intérieure ONo, à laquelle la peſanteur eſt perpendiculaire, eſt également preſſée en tous ſes points. Ne peut-on pas conclure de-là avec aſſez de vraiſemblance, que la preſſion doit auſſi être égale dans tous les points de la premiere couche ou ſurface extérieure $mM\mu$? En ce cas les forces ſuivant μo, MN, mO devroient être égales entr'elles: mais dans les couches inférieu-

res, il ne seroit pas nécessaire que la force inhérente à chaque particule fût la même, il suffiroit que chaque particule fut également pressée par le poids de la colomne supérieure.

Outre cela, si on considére les particules du Fluide dans la couche $mM\mu$ comme de petits Globules qui se pressent mutuellement, & qu'on fasse abstraction des couches inférieures, on peut trouver aisément par les Principes de statique, que pour que ces Globules soient en équilibre, il faut qu'en un point quelconque M la force qui agit suivant MN soit en raison inverse du rayon de la développée en M. Si cette proportion avoit lieu, & qu'outre cela la force en M dût être constante, selon ce qu'on vient d'observer, il s'ensuivroit que dans la surface extérieure $mM\mu$ tous les rayons osculateurs devroient être égaux; & qu'ainsi un Fluide ne pourroit être en équilibre, à moins que sa surface extérieure ne fût plane ou sphérique.

Cependant on peut démontrer par le raisonnement suivant, que la surface d'un Fluide en équilibre n'est pas assujettie à l'une ou l'autre de ces deux figures.

Imaginons un Fluide dont les parties soient en mouvement: il est évident que dans une infinité de cas sa surface ne sera ni plane ni sphérique. Soit donc $OPQR$ (Fig. 46) cette surface dans un instant quelconque, P, Q, deux points ou corpuscules placés sur cette surface, dont les vitesses soient u, v, & que ces vitesses dans l'instant suivant soient changées en u', v'; enfin,

enfin ; soient regardées les vitesses u, v, comme composées des vitesses u', v'' ; v', v'' ; il est évident (*article* 1) que les points P & Q, s'ils étoient sollicités à se mouvoir avec les seules vitesses u'', v'', resteroient en équilibre. Donc comme les vitesses u, v', v, v' sont données, ou supposées données, il s'ensuit qu'on peut toujours trouver des forces qui tiendroient les points P, Q, en équilibre sur la surface Fluide $OPQR$; il en est de même des autres points. Donc quelque figure qu'ait la surface $OPQR$ d'un Fluide, il y a toujours un systême possible de forces qui la tiendroient en équilibre.

De-là résulte au moins cette premiere conséquence, que le principe de l'égalité des forces à la surface extérieure, & celui de la proportionalité de ces forces avec les rayons osculateurs, ne sauroient être vrais tous deux. Au reste, il faut convenir que ni l'un ni l'autre n'est appuyé sur des fondemens bien solides. Car en premier lieu, pour que le principe de la proportionalité des forces avec les rayons osculateurs fût vrai, il faudroit avoir démontré, non-seulement que les particules des Fluides sont des Globules, ce qui est fort incertain ; mais encore que l'effort de ces Globules agit seulement sur ceux qui leur sont contigus dans la même couche, & nullement sur ceux qui sont au-dessous ; ce qui n'est pas vrai. A l'égard du principe de l'égalité des forces, il est évident que s'il étoit admis, toutes les Théories qu'on a données de la Figure de la Terre, en la considérant comme un Fluide, & en ayant égard à l'attraction des parties & à la rotation de l'Axe, devroient être regardées comme fausses. Ce que je ne prétends pas décider; mais je veux seulement faire voir, que si on rejette le principe de l'égalité de pression à la surface extérieure, il faut nécessairement convenir que l'égalité de pression des couches intérieures, n'est, pour ainsi dire, qu'une propriété accidentelle, & nullement une loi fondamentale de l'équilibre des Fluides.

Aussi *M. Maclaurin*, le premier qui ait parlé de ces couches *ONo* (Fig. 49) auxquelles la pesanteur est perpendiculaire, & qu'il appelle *surfaces de niveau*, n'a point déduit la loi de l'équilibre, de l'égalité de pression de ces surfaces. Mais après avoir pris dans l'intérieur du Fluide une colomne *Pp* de direction quelconque, dont le poids soit égal à celui de la colomne *AO*, il se contente d'en déduire par simple Corollaire, que la surface *Op*, passant par tous les points *p* & par le point *O*, sera une *surface de niveau*. Nous avons cru devoir suivre entiérement sa Méthode à cet égard.

SCHOLIE V.

166. Au reste, la même Méthode par laquelle nous avons démontré que la surface extérieure d'un Fluide peut toujours être en équilibre avec un systême de forces convenable, peut servir aussi à démontrer, qu'un Flui-

de héterogene, ou plusieurs Fluides quelconques de différentes densités, peuvent toujours être en équilibre, de quelque maniére que ces Fluides soient mêlés & disposés, pourvu qu'on suppose un systême convenable de forces. Il ne faut, pour s'en convaincre, qu'imaginer un Fluide héterogene dont les parties soient mêlées comme on voudra, supposer ensuite que ces parties ayent un mouvement quelconque, & appliquer ici le raisonnement de l'*art.* 165.

Nous avons donc eu raison de supposer que dans un Fluide en équilibre, chaque couche de niveau n'est pas nécessairement d'une densité uniforme dans toute son étendue.

SCHOLIE VI.

167. Nous venons de faire voir qu'il n'est pas nécessaire que les couches de niveau soient d'une densité uniforme dans toute leur étendue. Nous allons faire voir présentement, que si un Fluide est composé de différentes couches dont chacune soit d'une densité uniforme, il n'est point nécessaire pour l'équilibre, que ces couches soient des couches de niveau.

Pour le démontrer, soit une masse de Fluide *DAEF*, (Figure 47) dont les parties soient animées par des forces quelconques, il est évident que toutes les forces qui agissent sur chaque particule *P* peuvent se réduire à deux, dont l'une agisse suivant *PC*, l'autre suivant une perpendiculaire à *PC*. Supposons, pour simplifier.

le calcul, que cette seconde force soit très-petite par rapport à la premiere; chacune des couches $EADF$ différera très-peu d'un cercle. Cela posé:

Soit $CA = r$, l'angle $ACP = z$, $CP = r + \alpha \varrho Z$, α étant une constante fort petite, & qui soit la même pour toutes les couches, ϱ une fonction de CA (r) & Z une fonction de l'angle z, ou plûtôt de son Sinus &c. il est évident que $\frac{P'\pi}{P\pi} = \frac{\alpha\varrho dZ}{rdz}$. Soit de plus, la force en P suivant $PC = \varrho' + \alpha\varrho'' Z'$ (ϱ', ϱ'' étant des fonctions de r, & Z' une fonction de z) & la force perpendiculaire à $CP = \alpha\varrho''' Z''$; il est évident que la force qui agit suivant PC peut se décomposer en deux, l'une perpendiculaire à la couche APD en P, l'autre dans la direction même de cette couche, & que cette derniere sera $\varrho' \times \frac{\alpha\varrho dZ}{rdz}$: à l'égard de sa force $\alpha\varrho''' Z''$ perpendiculaire à PC, la force qui en résulte suivant PP' est aussi $\alpha\varrho''' Z''$, parce que $P\pi$ & PP' ne different que d'une quantité infiniment petite du 3.e ordre. Donc la force suivant $P'P$ est $(\alpha\varrho\varrho' \frac{dZ}{rdz} - \alpha\varrho''' Z'')$, & cette fonction étant multipliée par $P'P$ ou rdz & par la densité de la couche APD, que je nomme δ, on aura pour la force de la petite particule $P'P$ l'expression $\alpha dz\,(\delta\varrho\varrho' \frac{dZ}{dz} - \delta r\varrho''' Z'')$: donc la force de $p'p$ moins celle de $P'P = \alpha dz\, d(\delta\varrho\varrho' \frac{dZ}{dz} - \delta r\varrho''' Z'')$.

Maintenant, la force suivant CP est $\rho' + \alpha\rho'' Z'$, & l'on a $Pp = dr + \alpha Z d\rho$; donc à cause que la densité est δ, on aura la force de pP suivant $pP =$ $\delta(\rho' + \alpha\rho'' Z') \times (dr + \alpha Z d\rho)$: donc la force de $p'P'$ moins celle de $pP = \alpha\delta dr \cdot \frac{\rho'' dZ'}{dz} + \alpha\delta\rho' d\rho \cdot \frac{dZ}{dz}$. Or (*article* 17) il faut que le Canal $pp'P'P$ soit en équilibre, c'est-à-dire que la force de $p'p$ — celle de $P'P$, soit égale à la force de $p'P'$ moins celle de pP: donc $\frac{dZ}{dz} d(\delta\rho\rho') - Z'' d(\delta r \rho''') = \delta\rho'' dr \frac{dZ'}{dz} + \delta\rho' d\rho \cdot \frac{dZ}{dz}$, équation générale de l'équilibre.

Pour que les couches fussent de niveau, il faudroit que la force suivant $P'P$ fut égale à zero, c'est-à-dire que $\rho\rho' \frac{dZ}{rdz} - \rho''' Z''$ fût $= 0$; d'où il s'ensuit, qu'en faisant $\frac{dZ}{dz} = \pm Z''$, comme il est nécessaire, on auroit $d(\delta\rho\rho') \mp d(\delta r \rho''') = 0$. Or cette équation est beaucoup moins générale que la précédente; cela est aisé à voir: mais pour le prouver, supposons d'abord $\frac{dZ}{dz} = \pm Z'' = \pm \frac{dZ'}{dz}$, l'équation précédente donnera $d(\delta\rho\rho' \mp \delta r \rho''') = \pm d\rho'' dr \pm \delta\rho' d\rho$, qui ne se réduit point à $\delta\rho\rho' \mp \delta\rho''' r = 0$ que dans le cas où $\rho'' = \mp \frac{\rho' d\rho}{dr}$.

En ſecond lieu, ſuppoſons $d(\delta\varrho\varrho') - \delta\varrho' d\varrho = \pm \delta\varrho'' = \mp d(\delta r\varrho''')$, & l'on aura $\frac{dZ}{dz} \pm Z'' = \pm \frac{dZ'}{dz}$; ce qui donne encore une autre équation différente de $d(\delta\varrho\varrho' \mp \delta r\varrho''') = 0$.

SCHOLIE VII.

168. Il faut bien remarquer, au reſte, que dans le Scholie précédent, on a ſuppoſé que le Fluide étoit compoſé d'une infinité de couches dont les denſités augmentent ou diminuent par degrés inſenſibles, ou plûtôt infiniment petits ; de maniere que deux couches infiniment proches de ce Fluide ne different qu'infiniment peu de denſité.

Suppoſons maintenant que le Fluide ſoit compoſé de pluſieurs couches différemment denſes, & dont la différence de denſités ſoit finie ; je dis que le Fluide pourra encore être en équilibre, quoique les ſurfaces qui ſéparent ces différentes couches ne ſoient point de niveau. En effet, ſoit *AFEB* (Fig. 48) un vaſe dans lequel ſoit renfermée une liqueur homogene ſtagnante, dont la denſité ſoit δ, & dont les parties ſoient animées par la gravité naturelle g. Ayant tiré une ligne oblique quelconque *DC*, imaginons que la partie *ADCB* devienne de la denſité δh, & que la force qui anime chaque corpuſcule de cette partie devienne $\frac{g}{h}$; il eſt évident que le Fluide reſtera en équilibre,

& cependant la surface *DC* qui sépare les parties *ADCB*, *DCEF*, dont les densités sont entr'elles comme *h* est à 1, n'est point de niveau. Dans cette hypothese, si on mene deux lignes *dc*, *dc* paralléles à *DC*, l'une au-dessus, l'autre au-dessous, le poids des deux Canaux *DCcd* sera le même, quoique le Fluide soit de différente densité dans l'un & dans l'autre, parce que la pesanteur est en raison inverse de la densité.

Donc quand un Fluide est composé de couches de différentes densités, il n'est point nécessaire pour l'équilibre que les couches soient de niveau. On nous objectera peut-être, que c'est admettre une loi trop peu naturelle & trop bizarre, que de supposer que la pesanteur d'une particule de Fluide puisse être en raison inverse de sa densité; puisque dans cette hypothese deux points infiniment proches *Q*, *q*, seroient animés par des forces dont la différence seroit finie. Je réponds à cela, 1°. que cet inconvénient prétendu n'a pas lieu dans le cas où les couches infiniment proches différent infiniment peu de densité, puisque (*Scholie 6*) les forces qui agissent sur un point *P*, peuvent alors être réglées par une fonction seule de sa distance à *C*, & de l'angle *ACP*, fonction dans laquelle la densité n'entre point. 2°. qu'il ne me paroît pas plus absurde de supposer, que deux points infiniment proches *Q* & *q* soient animés par des forces accélératrices dont la différence soit finie, que de supposer que les densités de ces points *Q*, *q*, aient entr'elles un rapport fini : or cette derniere ſuppoſition n'a jamais choqué perſonne. 3°. D'ailleurs, il eſt bien vrai que ſi la peſanteur dépend de la poſition ſeule des corpuſcules, les points infiniment proches *Q*, *q*, ſeront animés par des forces qui ne différeront qu'infiniment peu l'une de l'autre. Mais pourquoi s'aſtreindre à ſuppoſer que la force ſollicitatrice ne dépende que de la poſition des particules ? Si deux Fluides contigus, & de différente denſité, ſont en mouvement, ne ſe peut-il pas faire que les forces accélératrices qui les animent ſoient inégales ? Or cela poſé, comme la force de gravité eſt la même pour les deux Fluides, il s'enſuit que les forces qui doivent être détruites, ſeront différentes.

Au reſte il faut obſerver, que pour que chacune des couches *EADF* (Fig. 47) ſoit à peu près un cercle, il faut que Z, Z', Z'', ſoient des fonctions du Sinus de l'angle *ACP*, afin que la valeur de ces quantités demeure la même lorſqu'on augmentera l'angle z, ſoit de la circonférence, ſoit de pluſieurs fois la circonférence.

SCHOLIE VIII.

169. Je remarquerai à cette occaſion, qu'il me ſemble qu'on n'a point encore réſolu d'une maniére aſſez générale le Problême de la figure de la Terre, dans l'hypotheſe que l'attraction ſoit en raiſon inverſe du quarré des diſtances, & que la Terre ſoit compoſée d'un

d'un amas de Fluides de différentes densités. En effet, soit CA (Fig. 47) $= r$, $CP = r + r\rho zz$ (en nommant z le Sinus de l'angle ACP, & prenant la couche $EADF$ pour une Ellipse) R la densité de cette Ellipse, c la circonférence dont le rayon est 1, φ le rapport de la force centrifuge à la pesanteur sous l'Equateur, A ce que devient $\int Rrrdr$, & F ce que devient $\int Rd\rho$ lorsque $2r$ devient l'Axe de la terre, on trouvera 1°. que la force au point P suivant $P\pi$, est $2z\sqrt{[1-zz]} \times$

$$\left[\frac{2c\rho\int Rrrdr}{rr} - \frac{2c\int Rd(r^5\rho)}{5r^4} - \frac{2crF}{5} + \frac{2cr\int Rd\rho}{5} - crA\varphi\right]:$$

il faudra multiplier cette force par $P\pi = \frac{rdz}{\sqrt{[1-zz]}}$ & par la densité R, pour avoir la force suivant $P\pi$; par conséquent la différence des forces suivant pp', & PP' est

$$2zdz\, d\left(\frac{2cR\rho r}{rr}\int Rrrdr - \frac{2cRr}{5r^4}\int Rd(r^5\rho) - \frac{2cRrrF}{5} + \right.$$

$$\left.\frac{2cRrr\int Rd\rho}{5} - RcrrA\varphi\right).$$

2°. Il faut maintenant pour avoir l'équation du Sphéroide, égaler cette quantité au poids de $p'P$ moins celui de pP, qui est (*a*) $2zdzdr\left(\frac{Rd(r\rho)}{dr} \times \frac{2c\int Rrrdr}{r^2} - \right.$

(*a*) Ces formules se trouvent toutes calculées dans l'Ouvrage de *M. Clairaut* sur la Fig. de la Terre : on peut y parvenir par différentes Méthodes.

$\frac{4c\varrho R}{r^2} \times \int Rrrdr + \frac{6cR\int Rd(r^5\varrho)}{5r^4} - \frac{4cRr}{5} \times (F - \int Rd\varrho)$ $- 2cR \times A\varphi r)$.

Soit donc $\frac{2c\varrho\int Rrrdr}{rr} - \frac{2c\int Rd(r^5\varrho)}{5r^4} - \frac{2crF}{5} + \frac{2cr\int Rd\varrho}{5} - crA\varphi = 2Kc$, K exprimant une variable indéterminée, on aura 1°. en multipliant cette derniere équation par $5r^4$, & en différentiant deux fois, l'équation suivante; $dd\varrho - \varrho dr^2 (\frac{6}{rr} - \frac{2Rr}{\int Rrrdr}) + \frac{2Rrrdr}{\int Rrrdr} d\varrho = \frac{r^2}{\int Rrrdr} \times d(\frac{d(Kr^4)}{r^4})$.

2°. De plus, l'équation de l'équilibre donnera $2zdz\, d(RrK) \times 2c = 2zdz\, d[\frac{d(r\varrho)}{dr} \times \frac{2cR\int Rrrdr}{r^2} - \frac{8cR\varrho\int Rrrdr}{r^2} + \frac{2cR\int Rd(r^5\varrho)}{r^4} + 4cRK]$, qui étant divisée par $2cR$, & multipliée par r^4, puis différentiée, donne $dd\varrho - \varrho dr^2 (\frac{6}{rr} - \frac{2Rr}{\int Rrrdr}) + \frac{2Rrrdrd\varrho}{\int Rrrdr} = \frac{2}{r^3\int Rrrdr} \times [d(\frac{r^4d(KRr)}{R}) - 2drd(Kr^4)]$. Comparant cette équation différentielle du second degré avec la précédente, & ôtant ce qui se détruit, il vient $\frac{1}{r^3\int Rrrdr} \times d(\frac{r^5KdR}{R}) = 0$, ou $\frac{r^5KdR}{R} = Mdr$, M étant une constante quelconque. Donc l'équation générale

est $dd\varrho = \varrho dr^2 \left(\frac{6}{rr} - \frac{2Rr}{\int Rrrdr}\right) - \frac{2Rrrdrd\varrho}{\int Rrrdr} + \frac{r^2}{\int Rrrdr} \times$
$d\left[d\left(\frac{MRdr}{rdR}\right) \times \frac{1}{r^4}\right]$.

SCHOLIE IX.

170. Si $M = 0$, alors on a $dR = 0$, ou $K = 0$, c'est-à-dire la densité constante, ou bien la force suivant $P\pi$ nulle, & par conséquent la couche quelconque $EADF$ de niveau; l'équation du Sphéroide est alors $dd\varrho = \varrho dr^2 \left(\frac{6}{rr} - \frac{2Rr}{\int Rrrdr}\right) - \frac{2Rrrdrd\varrho}{\int Rrrdr}$ qui est la seule qu'on ait trouvée jusqu'ici, mais qui n'est pas aussi générale que la précédente.

On aura encore $dd\varrho = \varrho dr^2 \left(\frac{6}{rr} - \frac{2Rr}{\int Rrrdr}\right) - \frac{2Rrrdrd\varrho}{\int Rrrdr}$, 1°. lorsque $\frac{Rdr}{rdR}$ sera $=$ à une constante, c'est-à-dire lorsque $R = Ar^n$, A & n étant des constantes quelconques. 2°. Lorsque $d\left(\frac{Rdr}{rdR}\right)$ sera $= Br^4dr$, B étant constante, c'est-à-dire lorsque $\frac{dR}{R}$ sera $= \frac{dr}{r(Cr^5 + G)}$, C & G étant des constantes. Dans tout autre cas l'équation du Sphéroide sera plus compliquée, que celle qui lui a été assignée jusqu'ici par les savans Geométres qui ont traité cette matiére.

Lorsque $r = 1$, il faut que $K = 0$, parce que la premiere couche doit nécessairement être de niveau.

Donc il n'y a qu'à ſuppoſer la valeur de R telle que $\frac{Rdr}{r^5 dR} = 0$, ou, ce qui eſt la même choſe $\frac{dR}{dr} = \infty$, lorſque $r = 1$; ce qui ſe peut faire d'une infinité de maniéres. En général il n'y a qu'à ſuppoſer l'équation entre R & r repréſentée par une Courbe, dont la tangente coïncide avec l'ordonnée R lorſque l'abſciſſe $r = 1$, l'ordonnée R étant finie.

SCHOLIE X.

171. Par la Méthode que nous propoſons ici pour déterminer la figure de la Terre Elliptique, il eſt aiſé de voir que dès que les couches ſont de niveau, les poids de pP & de $p'P'$ ſont égaux. En effet, quand les couches ſont de niveau, on a $K = 0$ & $dd\varrho = \varrho dr^2 \left(\frac{6}{rr} - \frac{2Rr}{\int Rrrdr}\right) - \frac{2Rrrdrd\varrho}{\int Rrrdr}$: or dans ce même cas on a $M = 0$, & l'équation générale ſe réduit à $dd\varrho = \varrho dr^2 \left(\frac{6}{rr} - \frac{2Rr}{\int Rrrdr}\right) - \frac{2Rrrdrd\varrho}{\int Rrrdr}$. Donc le principe du niveau des couches, & celui de l'égalité de force entre les colomnes pP & $p'P'$ donnent la même équation. Je traiterai ailleurs ce ſujet plus à fond.

FIN.

FAUTES A CORRIGER.

PAge 108 *lig.* 11, *au lieu de* moindre, *liſ.* plus grande.
Page 120, *lig.* 10, *au lieu de* reſteroit, *liſ.* réſiſteroit.

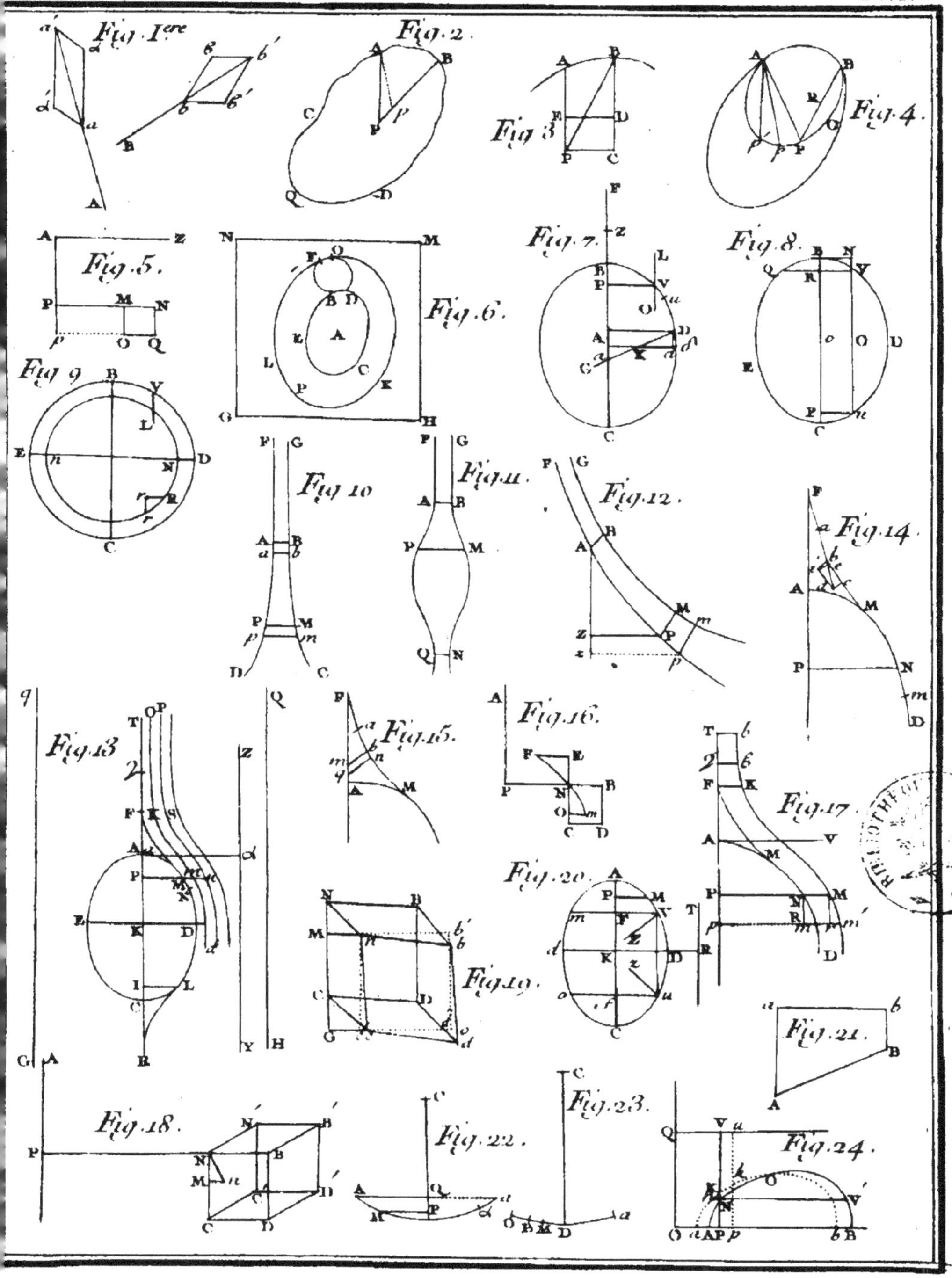
Fig. 1.ere
Fig. 2.
Fig. 3
Fig. 4.
Fig. 5.
Fig. 6.
Fig. 7.
Fig. 8.
Fig. 9
Fig. 10
Fig. 11.
Fig. 12.
Fig. 13
Fig. 14.
Fig. 15.
Fig. 16.
Fig. 17.
Fig. 18.
Fig. 19.
Fig. 20.
Fig. 21.
Fig. 22.
Fig. 23.
Fig. 24.

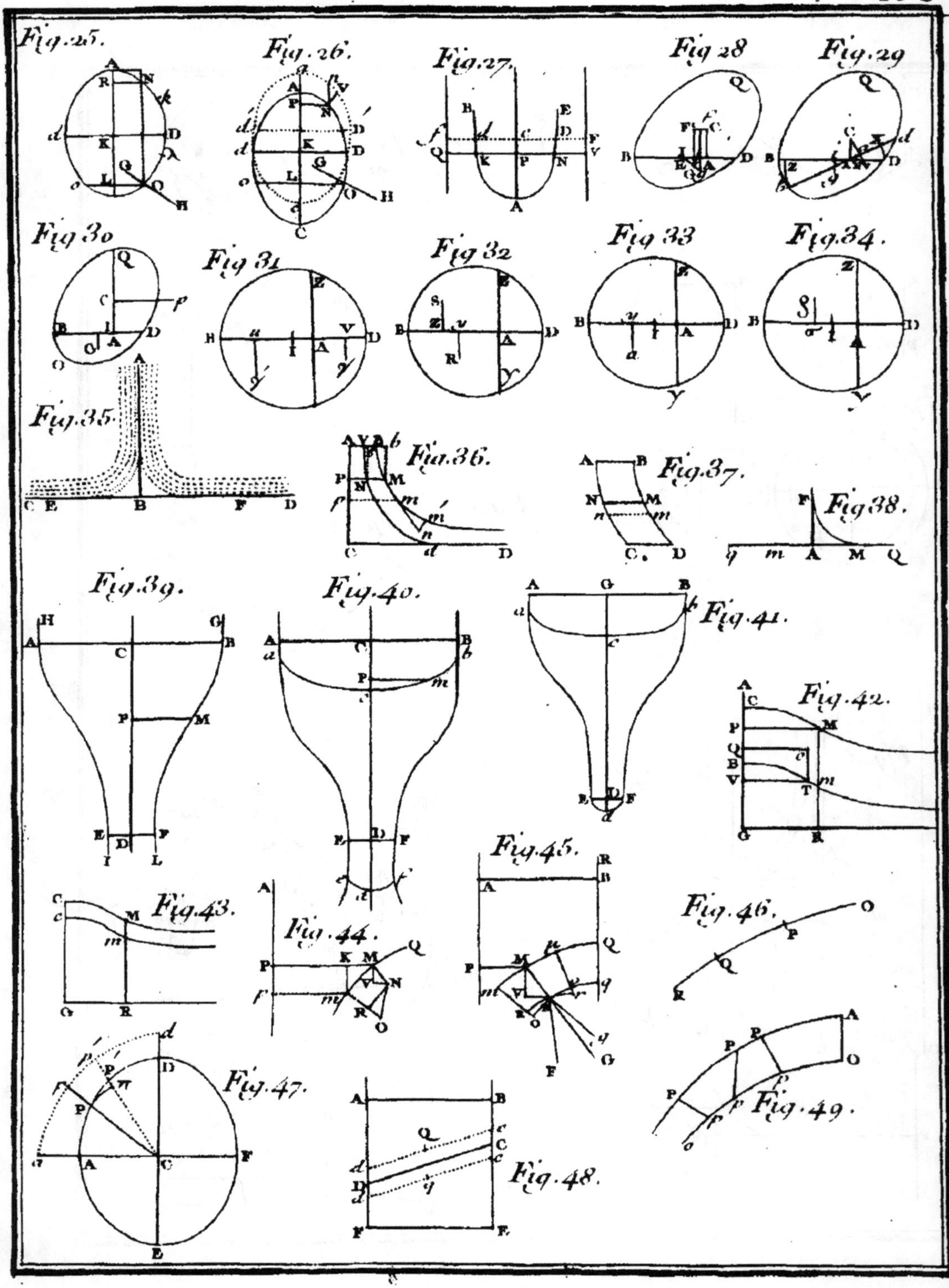
Fig. 25.
Fig. 26.
Fig. 27.
Fig 28
Fig. 29
Fig 30
Fig 31
Fig 32
Fig 33
Fig. 34.
Fig. 35.
Fig. 36.
Fig. 37.
Fig 38.
Fig. 39.
Fig. 40.
Fig. 41.
Fig. 42.
Fig. 43.
Fig. 44.
Fig. 45.
Fig. 46.
Fig. 47.
Fig. 48.
Fig. 49.

www.ingramcontent.com/pod-product-compliance
Lightning Source LLC
Chambersburg PA
CBHW060352200326
41519CB00011BA/2115
* 9 7 8 2 0 1 2 5 4 2 8 3 9 *